知乎

有 问 题　就 会 有 答 案

JELLYFISH
AGE
BACKWARDS

by Nicklas Brendborg

Nature's Secrets to Longevity

（丹）尼克拉斯·布伦伯格——著

温暖——译

青春永驻

解开人类长寿之谜

台海出版社

北京市版权局著作合同登记号：图字01-2023-0051

Copyright © Nicklas Brendborg, 2021. Published by arrangement with Sebes & Bisseling Literary Agency, through The Grayhawk Agency Ltd.

图书在版编目（CIP）数据

青春永驻 /（丹）尼克拉斯·布伦伯格著；温暖译.
-- 北京：台海出版社，2023.4
ISBN 978-7-5168-3456-5

Ⅰ.①青… Ⅱ.①尼… ②温… Ⅲ.①衰老－普及读
物 Ⅳ.①Q419-49

中国版本图书馆CIP数据核字（2022）第 222601 号

青春永驻

著　　者：〔丹〕尼克拉斯·布伦伯格　　　译　者：温　暖
出 版 人：蔡　旭　　　　　　　　　　　封面设计：何　睦
责任编辑：赵旭雯　李　媚

出版发行：台海出版社
地　　址：北京市东城区景山东街 20 号　　邮政编码：100009
电　　话：010-64041652（发行、邮购）
传　　真：010-84045799（总编室）
网　　址：http://www.taimeng.org.cn/thcbs/default.htm
E - mail：thcbs@126.com

经　　销：全国各地新华书店
印　　刷：三河市兴博印务有限公司
本书如有破损、缺页、装订错误，请与本社联系调换

开　　本：710 毫米 × 1000 毫米　　　1/16
字　　数：198 千字　　　　　　　印　张：18.5
版　　次：2023 年 4 月第 1 版　　　印　次：2023 年 4 月第 1 次印刷
书　　号：ISBN 978-7-5168-3456-5

定　　价：68.00 元

长寿到底是谁的事

人人都想青春永驻。尤其是出现了可知可感的健康问题以后，各种号称有效的办法都会被急不可耐地试起来。从 20 世纪八九十年代的打鸡血到今天的啤酒里加枸杞，每个时代都有每个时代的流行趋势。但效果如何，很难说清楚，甚至还会弄巧成拙，对身体造成伤害。有人说连续几年每天喝一杯蜂蜜水，感觉很好，容光焕发；有人听了学起来，喝了几年却得了糖尿病。

长寿不是那么简单的事。人体太复杂，它的调节作用机制到底是什么？不同调节作用之间如何相互影响？这些大问题，医学界都还在探索，远没有找到答案，又怎么是几句话能说明白的？本书就讲述了好几则这样曲折的探索故事，充满了反转。专家的研究尚且如此，我们想靠自己偶然得来的信息达到长寿，成功的概率接近于零。何况没有多少人会真正认真地投入时间，多数情况都是身体出现问题才临时抱佛脚，结果可想而知。必须说，长寿是个很专业的事情，虽然我们都想长寿，但它不应该是我们普通人研究的事，而应该是专家的事。

如果长寿是专家的事，那么问题来了，我们该信哪种专家？

本书作者综述了现今几大颇有影响力的抗衰老研究流派的研究成果，对非专业的读者来说，是很好的入门科普。但就像作者指出的那样，每种研究都能轻易找到反例，这至少证明，专家对人体机理的研究虽然已经进行了几十年，但从成果上看，也不过才刚刚开始，远没有形成充分的共识。例如"端粒说"专家的理论是，细胞染色体的端粒随着年龄的增长而变短，设法延长端粒，可以实现长寿。这个理论颇具影响，以至于2015年一位名叫莉兹·帕里什的美国女士等不及美国食品药品监督管理局（FDA）给出监管许可，跑到哥伦比亚用基因疗法在自己的身体上做了延长端粒的实验，成为全球第一个被试者。她的端粒确实延长了，但能否更健康、更长寿还有待验证。而实际上，大多数癌症都会让端粒延长。刻意尝试延长端粒，得癌症的概率会大大增加。如果你知道了这些事实，还愿意像她一样激进地尝试吗？

同样引人关注的研究自然不只端粒说一种。日本学者山中申弥的诱导多功能干细胞技术，用4种转录因子把已经分化出功能的细胞变回干细胞，实现细胞层面逆转衰老。但他在研究中使用的小鼠已经有20%出现了肿瘤；再如你我都更熟悉的"自由基说"，称人体细胞代谢氧化产生的自由基会加速细胞老化，食用抗氧化的食物并补充抗氧化剂能减少自由基的产生，可以延缓衰老，让人更长寿。这一理论当年一经提出，抗氧化保健品火遍全球，至今仍是热门的保健品门类。针对抗氧化剂消除自由基的实验也是全球科研人员做得较多的与长寿相关的实验之一。但讽刺的是，当研究人员把 68 项研究中涉及 23 万人的研究结果综合起来，试图弄清楚在膳食补充剂中添加抗氧化剂是否有利于寿命延长时，结论却是：额外补充抗氧化剂的受试者死亡得更早。

类似的正例和反例都能举出很多，这可能让你觉得有点沮丧。专家的结论也许都没有错，但他们的成果仅限于自己领域的单项研究，某种药物或机理能够让细胞减缓或停止衰老，并不代表能让整个生物体的寿命延长。癌细胞就是停止衰老的且不断生长分裂的细胞，最终的结果恰恰是整个生物体更早死亡。即使一些实验结果验证了某种机理对线虫、小鼠等生物整体有延长寿命的作用，结论能否扩展到其他动物或人，也仍是未知数。实在是因为人体太复杂，我们围绕单一机理研究，把它研究得更清楚，对未来我们能够做到长寿一定有好处，但是现阶段，一种针对单一机理的研究得出的结论，离确保我们长寿还差得很远。也就是说，以上专精型专家的结论，无法指导你此刻为长寿做准备。

自己来不行，听专家的也不行。我们还能做些什么呢？

只要把握三个方面就好：首先，把已经确定可以延长寿命的手段用起来；其次，专业人士从整体的角度加强研究，找到更多真正能延长寿命的科技；最后，做好对个人数据的收集，形成针对每个人的个性化长寿方案。

已经确定可以延长寿命的手段是指，此前已有的大规模长时间研究的基本结论。比如刘延东副总理于 2017 年在《求是》杂志发文探讨全民健康问题时，曾引述世界卫生组织的健康公式：100% 的健康 =60% 生活方式 +17% 环境 +15% 遗传 +8% 卫生服务。这确实代表着当前学术界的普遍共识，即人的寿命受多种因素共同影响，但从统计学意义上说，最大的影响因素不是先天的基因，而是生活方式。这很让人欣慰，它意味着长寿的主动权仍然在我们自己手上。对于没有特殊情况的人来说，少烟少酒、均衡的饮食、适当的运动、愉快的社交确实从统计学意义上能让人更健康。然而对今天的我们来说，这个结论已经不能满足要求，它太过粗糙了。落到每个个体身上，到底吃哪些东西有效？到底该进行多大的运动量？这个公式不足以给出答案。

这就要求一种新的专家的出现，暂且称之为长寿专家。他们不是某个专门学科的医学专家，而是一个围绕长寿服务形成的专家团队，他们的职责是从整体出发，考虑所有因素的影响，同时尽可能多地找到适合进行长寿管理的技术，在对每个个体进行全面生理、心理数据测量的基础上，对每个人各方面的数据进行持续跟踪和系统分析，利用人工智能算法快速找出因果性和相关性，并持续优化迭代，为每个人提供个性化的健康解决方案。试想，你是一个 95 斤、1.5 米的 33 岁女性，你公司的财务总监老李是170 斤、1.8 米的 58 岁男性，你们本身各自的遗传物质、健康状况就不同，保持健康所需要的食物种类、食量、运动量必然有相当的差别。好消息是，在今天这个时代，我们已然可以做得更多。

新材料、传感器、物联网、5G、人工智能、大数据等科技领域的叠加进步，以前无法获得或不便获得的身体数据现在可以轻松得到，我们的身体确实越来越"可测量"了。有了数据，我们就有能力更精准、更系统地寻找各种诱因与长寿的因果联系，而且这种联系可以针对每个不同个体，实现真正的精准服务，这是非常让人兴奋的。

这就说到了第三点，要做好对个人数据的持续收集。在本书中，作者其实也指明了这个方向，"能测量，就能改善"，"与其盲目跟风，不如去测试一下自己的身体状况，并量身定制适当的保健策略"。想知道自己如何更长寿，我们能做的不是去盲目试验听来的经验，而是要收集关于自身的海量数据。是的，找到联系之前，你需要先有大量关于自己的测量数据。就像作者在书中提到的："到底什么样的饮食策略才是健康的呢？是多喝牛奶，多吃低碳水化合物，还是多吃素食？其实，这取决于每个人的遗传特质。你的朋友可能在尝试过素食后获得了非常好的效果，但对你而言低碳水化合物饮食更胜一筹。即使所采用的饮食策略完全相反，也不意味着你或你的朋友提供了虚假信息，或是你们的健康程度有差异。这只是因为你们的遗传特质不同罢了。"

以前没有人能给出精确的差异化指导，而现在我们正好处于一个机会点，很多投入少、操作容易的测量方法已经可以大规模普及。还是以你和你的同事老李为例，借助可穿戴产品、可食用传感器、基因检测技术、简便易行的体外诊断等测量方法，持续监测你们的心率、血压、血糖、血脂、尿酸水平、肌肉量、脂肪率等指标如何随着饮食、运动和社会生活的变化而发生变化，从而分别找到最适合你们的长寿管理方法，通过持续执行达到长寿的目的，这将是未来的标准做法。

你吃苹果比吃橙子血糖升高得更快，老李可能恰好相反，那么以后你就可以尽量把苹果替换成橙子，而老李则尽量选择苹果；你跑步 3 千米能够达到最好的心肺功能提升，而以老李的身体状况可能跑 2 千米就超标了，他要选用其他的健身方式。你们都不再需要自己操心如何管理好自己的健康，只需按要求持续采集数据，提供给专家，在专家提供的个性化的解决方案里选择自己喜欢的持续执行，就可以了。长寿专家会根据你们的方案执行情况和健康变化情况，不断优化你们各自的长寿方案，帮助你们以最适合自己的方法获得健康而长久的寿命。是的，说到底，长寿应该是长寿专家的事。你们不用费心焦虑，执行就好。

那么现在可以开始做点什么吗？当然可以，而且必须行动起来，那就是借助身边易得的测量工具，开始积极采集自身的健康数据。你可以选一块与自己手机匹配的智能手表，持续监测自己的心率、呼吸、血氧、睡眠等生理体征，同时尽可能借助智能手机的相关 App 记录日常的饮食和运动情况，开始积极积累自身的健康数据。这样，在未来某天（不会太远，很可能在一年内），基于个人数据的长寿服务出现的时候，当别人才刚刚开始收集数据的时候，你的历史数据已经可以帮助长寿专家精准地制定出最符合你身体情况的长寿解决方案。这一天不会太远了，找到你的长寿专家，一切交给他，你只要保证积极主动地按他的建议来执行就行了。研究长寿，是长寿专家的事。

　　作为科技投资人，我十几年来一直关注全球长寿研究的进展和趋势。我认为依靠科技手段对每个人的健康情况实现量化管理是必然趋势，一定会很快发生。近几年全球范围内可以更简便、普惠地为大众提供健康管理的科技进展很快，比如用手机摄像头拍摄面部照片就能评估血压、血糖等情况的人工智能技术、放置在抽水马桶里自动检测尿液来提供代谢和营养情况报告的技术、用毫米波雷达监测睡眠呼吸及夜间活动的技术等。希望我们通过自己的努力，提升个人健康管理的意识，多享受二三十年健康有活力的生活。

王煜全

全球科技创新产业专家、海银资本创始合伙人

　　对健康长寿的追求贯穿人类历史。在古代，人们多将长生不老的奢望诉诸方家术士，求仙草、炼仙丹。到现代，科技日渐昌明，人类对自身的认知逐步加深，"科学"的保健方法层出不穷。不过，这些所谓的"科学"方法，真的科学吗？丹麦青年学者尼克拉斯·布伦伯格这本《青春永驻》，以晓畅易懂的语言，结合最前沿的科研成果，将长寿奥秘的来龙去脉做一番厘清，使读者知其然且知其所以然，有助于在保持身体健康方面练就一双去伪存真的慧眼。

　　本书分三篇。第一篇讨论了"长生不老"在理论上是否可以实现。该篇介绍了不同生物的衰老模式，及某些物种创造的长寿纪录。你知道吗？书名中提到的灯塔水母，在生存环境恶化时，可逆生长回水螅形态。这就好比一个成年人承受不住工作、生活的压力，返老还童成幼儿园小朋友，从头再来。还有生活在非洲大草原的裸鼹鼠，与亲缘关系相近的其他鼠类相比，它们的寿命要长上几倍。这些长寿动物的"经验"，人类是否可以借鉴？即使在人类内部，不同人群的寿命也是有差异的。比如日本冲绳、希腊伊卡里亚岛等"蓝色宝地"，长寿人口的比例令全球其他地区难望其项背。一系列案例说明，延年益寿甚至长生不老，在生物学上并非天方夜谭。珠玉在前，人类要做的就是向长寿生物看齐，研究它们如何祛病延年并加以借鉴。

本书第二篇介绍了人类与衰老斗争的历史及近几十年来的科研成果，挖掘了延年益寿的科学本质——如何在分子与细胞的层面根除机体衰化。其中列举的科学界在健康方面走过的弯路，尤其具有启发性。关注健康的人一定听过一个名词——抗氧化剂。20 世纪 50 年代，日本遭受核打击后，科研人员着手研究辐射对人体的危害及预防。他们发现，辐射会导致小鼠的细胞中产生有害物质"自由基"，而抗氧化剂可以中和自由基的危害。后续研究又发现，即使未遭到辐射，细胞正常代谢过程中也会产生少量自由基。那么，额外补充抗氧化剂来中和这些自由基，岂不更妙？这一假说随即被广泛应用到商业产品中。这也造成了当今从饮品、食品到护肤品，多标榜其中含有抗氧化剂，能够消灭自由基，似乎这就与"本产品抗衰老"画上了等号。不过，对于复杂的人体，补充抗氧化剂真的有抗衰老效果吗？近年来，科研人员在分析了23 万受试者后得出结论：额外补充抗氧化剂会导致更早死亡，也并未降低罹患老年病的概率。并且，补充抗氧化剂非但不能降低患癌风险，反而会促进某些癌细胞的生长和扩散。

再说最常见的微量元素补充剂。你补过铁吗？或者选购复合维生素时，如果其中某个品牌的成分标明可以同时补铁，你会觉得这是加分项吗？很多人的答案恐怕都是肯定的——营养物质嘛，多多益善，过量了无非"浪费"一点儿，可以再排泄出去。不过事实上，在不缺铁的情况下补充铁等微量元素，不单对身体没有好处，还可能对健康造成损害，甚至折损寿命。在漫长的进化过程中，人类面临的情况大多是缺铁，而不是铁过量，所以人体没有专门排泄铁的机制，只能通过出血、出汗、排便等顺带少量排出。缺铁固然不妥，但铁过量也非常可怕。在美国艾奥瓦州，一项针对近4万名女性的研究显示，服用铁补充剂的人比不服用的人早死风险更高。服用复合维生素也有同样效果，因为复合维生素中通常含有铁。女性往往比男性长寿，科学家推测，这与女性每月随经期失血排出一些铁有关。还有"放血疗法"，之所以在历史上风行一时，很可能是人们观察到了铁排泄的积极效果。另有研究发现，阿尔茨海默病和帕金森氏症患者的大脑病灶区通常富集铁，虽然其中的因果尚待探究，但其密切的相关性值得关注。

了解了衰老的科学本质，如何利用这些知识来抵抗衰老呢？本书第三篇阐述了科学保健的基本原则与方法——关注"果"而非"因"，即观察身体的反馈，而不是盲目相信所谓的保健品、健康饮食计划、健康生活方式。作者借用了一个有趣的概念——货物崇拜，来类比人们在保持身体健康方面常陷入舍本逐末的误区。

什么是"货物崇拜"呢？"二战"期间，美国和日本利用太平洋上的一些岛屿作为空军基地。对岛上尚过着原始生活的居民来说，这些军人不啻为天外来客。岛民们目睹巨大的货机运来食物、衣服和各种见所未见、闻所未闻的奇异事物，认定这必是神灵的恩赐。战争结束后，各岛重归平静，但岛民们仍盼望"神迹"再次出现。他们用稻草、椰壳制作耳机、对讲机，用木材搭建塔台，举着竹枪在跑道上奔走往复。总之，岛民们模仿了一切飞机降落前的"仪式"，相信只要这样，神灵就会眷顾他们。后来，这些仪式发展成为货物崇拜教，至今犹存。货物崇拜听起来可笑，但类似的舍本逐末的可笑之事，几乎人人做过。我们模仿健康长寿者的所作所为：他们吃素，我们也吃素；他们吃鱼，我们也吃鱼。但这些生活及饮食习惯，真的是长寿之源吗？或者我们不过是像太平洋上的岛民一样，挥舞着竹竿在废弃的飞机跑道上奔走呢？本书也许能够为你提供一些解答。

今天，科学取代了迷信和宗教，人类对衰老及健康的本质有了前所未有的认知程度。虽然距离解开长生不老的密码还有距离，但在对抗衰老方面，我们至少弄清了哪些措施是有效的，而哪些做法必定徒劳无功。在这方面，这本《青春永驻》是非常出色的学习资料。

我很荣幸能够作为中文译者参与本书的出版。感谢责编云逸的帮助；感谢乃馨编辑的推荐；感谢审稿编辑张伊的指正。另外，要特别感谢我的父母，他们是该译本最早的读者和审校人。我父母对本书内容的浓厚兴趣及对译文的肯定，使我倍感催稿压力，用时三个月就完成了原定半年的翻译计划。才疏学浅，译文纰漏处，万望各位读者不吝赐教。

温暖

2022 年 8 月 31 日

目录

不老泉

　　1493 年，一支由 17 艘船组成的探险队从西班牙港口城市加的斯启航，在加那利群岛稍作停留后，便开始了穿越大西洋的航程。至于目的地，也许是印度吧。

　　这是西班牙人的第二次美洲之旅。此行的目的是在新大陆建立第一块西班牙殖民地。为达成目标，指挥官克里斯托弗·哥伦布率领了一千多人的队伍。其中就有野心勃勃的年轻人胡安·庞塞·德莱昂。探险队抵达目的地热带岛屿海地岛后，庞塞·德莱昂定居下来，并最终成为一位受人尊敬的军事指挥官和地主。

　　那时候，新大陆是一片传奇之地，那里有陌生的疆域、异族的居民，当然，还蕴藏着巨大的财富。一天，庞塞·德莱昂听说，在海地岛的北方还有尚待征服的土地。他迅速召集一支队伍，开始了探险之旅。探险队沿巴哈马群岛航行，找到一片陌生的新地域。放眼望去，这里盛开着无数鲜花，他们因此将这方水土命名为"佛罗里达"——繁花之地。

这队西班牙人迅速探查了这片区域，途中遇到一个原住民部落。原住民向探险队员提起一眼神奇的泉水，他们叫它"不老泉"。这眼泉水有神奇的疗效，能让人返老还童。不过，部落里没有人记得不老泉坐落何方。他们言之凿凿地说，确有不老泉，绝不是编造出来打发西班牙人的。

之后的几年中，探险队穿越佛罗里达海岸，遍搜每个角落，寻觅这眼声名远扬的永生之源。每找到一处淡水泉，满怀希望的西班牙人便纵身跃入其中。考虑到佛罗里达的鳄鱼种群数量，这种行为不可谓不勇敢。当然，他们终究还是没能找到传说中的神秘之泉，反而是冷酷的死神找上了他们。

* * *

严肃的历史学家可能会告诉你，不老泉的故事很大程度上只是一个传说而已。幸运的是，我不是什么严肃的历史学家，所以不妨用这个略显夸张的故事作为本书的开头。实话实说，庞塞·德莱昂和他的队员们很可能跟同时代的其他人一样，实际上寻找的不过是财富——土地、黄金，也许还有奴隶，毫无疑问，还有女人。尽管如此，在我们所知的每个文明中，追求永生的故事都反复出现。从古希腊的亚历山大大帝到十字军，从古印度到古中国、古日本及其间所有国度，都有关于返老还童泉和长生不老药的记载。

事实上，人类史上最古老的文学作品，诞生于四千多年前的《吉尔伽美什史诗》就讲述了一位国王离开他的子民，满世界寻找永生之法的故事。现代文明也不能免俗。虽然我们基本上已不再纠结于魔泉和灵药，但仍然希望解开长寿的密码。随着科学的发展，不老故事的主要来源不再是神话传说，而变成了科学研究。你大概会认为这是一种进步，然而事实可不见得如此。在探索抗衰老之法的旅途上，科学同样走过不少弯路。

20 世纪初，一些科学家认为动物腺体提取物可以使人焕发青春，外科医生谢尔盖·沃罗诺夫就是其中之一。他坚信仅仅服用或注射动物提取物是不够的，得直接把相应的动物组织移植到人身上才能达到预期效果。在研究了埃及阉人后，沃罗诺夫得出结论：睾丸是重获青春的根源。

于是，他开始尝试给病人移植小块的猴子睾丸组织。这种治疗方法之诡异，足以让普通人避之如瘟疫，却令富贵名人趋之若鹜，他们排着长队，等待接受沃罗诺夫奇迹般的抗衰老移植。事实上，这个生意火爆至极，沃罗诺夫大赚了一笔，甚至很快就遇到了睾丸来源短缺的问题。为保证供应，他买下一座城堡，在里面搞起了养殖，还专门雇了一名马戏团驯兽师来饲养这些可怜的动物。

结果可想而知。除了贻笑后世，接受沃罗诺夫移植的人们没捞到任何好处。他们和沃罗诺夫都渐渐衰老、死去了，就像庞塞·德莱昂和他的伙计们一样。除非科学能发现超越古人的新手段，否则我们也终将走向同样的命运。

这就是本书所要讲述的——如何尽可能地"永葆青春"。换句话说，本书讨论的是长寿和健康的本质及其背后的科学。我大可担保，你不必找一对睾丸缝在腿根或与食人的爬行动物共泳，但阅读此书，也将是一段新奇的旅程。

第一篇

大自然的奇迹

———

Part I

NATURE'S WONDERS

第一章

长寿纪录

在格陵兰海冰蓝色的水面下，一团巨大的阴影划过。这位约 6 米长的"巨人"不紧不慢地游动着，最高时速不超过 3 千米。

它的拉丁学名叫"Somniosus microcephalus"，小头睡鲨，意即"大脑很小的梦游者"。它的英文名"Greenland shark"比拉丁名稍微体面一点儿，意思是格陵兰睡鲨。正如其拉丁名所暗示的，这种鲨鱼游得不快，头脑也不大精明。尽管如此，你还是能在它的胃里找到海豹、驯鹿，甚至北极熊的残骸。

我们这位神秘的伙伴做事总是不紧不慢，这自有它的道理：它拥有的时间太充裕了。美利坚合众国建国时，它的年纪就已经超过地球上任何人类的寿命；到了"泰坦尼克号"沉没时，它已经 281 岁高龄了。现在，它已满 390 岁。研究人员估计，它的寿命还会延续若干年。

这并不是说格陵兰睡鲨就没病没灾。它的眼睛会因为荧光寄生虫的感染而慢慢失明。尽管体型巨大，但它与其他不适合食用的鱼一样，终究逃不过一个共同的敌人——冰岛人。格陵兰睡鲨的肉中含有大量有毒物质氧化三甲胺，会导致食用者晕眩，这种现象称为"醉鲨"。不过，勇敢的冰岛人还是找到了办法料理它。

格陵兰睡鲨是那种在榜单中高居榜首的典型动物，这也是本书关注它的原因。格陵兰睡鲨凭借其惊人的寿命，成为有记录以来最长寿的脊椎动物。脊椎动物，顾名思义，是有脊柱的动物。在这点上来说，格陵兰睡鲨是我们人类的远亲。虽然它看起来和我们不太像，但从身体结构上说，这种亲缘关系是显而易见的：我们和它一样都拥有一颗心脏、一个肝脏、一套肠道系统、两个肾脏和一个大脑。

当然，在进化树上，格陵兰睡鲨与人类之间还隔着不小的距离。人类是哺乳动物，也就是说，在某些方面，我们与并非哺乳动物的格陵兰睡鲨有着根本性的差异。生物学研究中有一条基本的经验原则：在进化树上距离人类越近的动物，越能帮助我们通过研究它来发现人类自己。比如，与研究昆虫相比，研究鱼类对认识人类更有帮助；但如果与鸟类和爬行类动物相比，鱼就要排到后面了，更不用提与人类亲缘关系更近的其他哺乳动物相比了。

有趣的是，与格陵兰睡鲨栖息在同一片家园的另一种动物弓头鲸，也在长寿榜上占着一席之地。弓头鲸与人类的亲缘关系就近多了。如果你去格陵兰附近的海域游览，也许会有幸看到这种身长约 18 米的庞然大物。虽然弓头鲸在外表上也与人类毫无相似之处，但从内部结构看，相比于格陵兰睡鲨，弓头鲸与人类就接近得多了。它有巨大的大脑（不单从绝对的数值上讲，即使从比例来看，相对其身型，弓头鲸的大脑也是非常大的），心脏也有四个腔，还有肺等其他与我们人类共同的特征。

人类曾经猎杀这些庞大的动物，用它们的脂肪做灯油。幸运的是，它们现在受到了保护。只有阿拉斯加的伊努皮亚特人等原住民才获准沿袭传统的猎鲸活动，以维持基本生计。有时，在猎到鲸鱼之后，伊努皮亚特人会向当地政府上缴旧的鱼叉尖。这些鱼叉尖是从鲸的脂肪中找到的，是 19 世纪某次不成功的狩猎留在鲸鱼身上的遗迹。结合分子生物学手段，这些鱼叉尖帮助证实了弓头鲸的寿命可以超过 200 年。这是哺乳动物寿命的最长纪录。

在进化树上距离人类更远的区域，一些物种的寿命更加令人叹为观止。树木就是一个很好的例子。对它们来讲，并不存在衰老一说，至少不是通常意义上的衰老。人类的死亡风险随着年龄的增长而增加，但树木正相反，它们只会变得更加高大、强壮、坚韧。也就是说，树木的死亡风险是随着年龄增长而降低的，至少在它们长得太高而被大风刮倒之前是这样的，但此类的死亡事故显然与衰老没有相关性。

这也意味着，有些树已经活了很久很久。地球上古老的树之一，玛士撒拉[1]是一棵5000岁高龄的刺果松，生长在加利福尼亚州的白山山脉某处。玛士撒拉破土发芽时，埃及的金字塔还在建造，最后的猛犸象还在西伯利亚的弗兰格尔岛游荡。

不过，与木本植物的长寿纪录保持者比起来，玛士撒拉就小巫见大巫了。在玛士撒拉东北方向约560千米的犹他州菲什莱克国家森林公园，有一棵名为潘多（Pando）的美国白杨。"Pando"是拉丁文，意为"吾之蔓延"。潘多不是一棵单纯的树的个体，而是一个超级有机体——它巨大的根系网所覆盖的面积，相当于纽约中央公园面积的八分之一。

潘多是地球上最重的生物体，由它萌发出的树木个体多达4万多株。这些树的寿命大多为100~130年，然后在风暴、野火等灾害中死亡。潘多不断地萌发出新的树木，它的超级根系网络本身已经超过14,000岁了。

有些生物的寿命明显比我们人类长；另外一些生物的衰老轨迹则与我们根本不重合。也就是说，在这些生物身上，衰老发生的模式是完全不同的。

对人类来说，我们的衰老速度是呈指数增长的。青春期后，我们的死亡风险大约每八年就会翻一番。与此同时，我们的生理机能逐渐衰退，这导致我们越来越虚弱。这种衰老方式是最为普遍的，大多数常见的动物皆是如此。不过，这绝非自然界中唯一

---

[1]　玛士撒拉原是《圣经》中的人物，据说他的年龄高达969岁，是史上最长寿的人。后来"玛士撒拉"就成了长寿者的代名词。——译者注

汤加龟女王

　　说起特别长寿的生物，就不能不提到龟。射纹龟图伊·马里拉是有史以来较长寿的龟之一。它住在热带岛屿王国汤加，与王室家庭生活在一起。图伊·马里拉是英国探险家詹姆斯·库克在 1777 年送给汤加国王的礼物。到 1965 年这位长寿的龟女士去世时，它大约有 188 岁，是有确凿记录的龟中寿数最高的。不过，图伊·马里拉的纪录即将被生活在大西洋小岛圣海伦娜的塞舌尔象龟乔纳森打破。乔纳森在 1832 年左右孵化出壳，那时邮票还没有发明出来。它历经 7 位英国君主和 39 位美国总统的任期。在你读到这本书时，乔纳森可能已经成为新的长寿龟纪录保持者了。

的衰老模式。

　　有一个特别奇怪的动物群体，它们只繁殖一次，然后就立即且迅速地衰老下去。这种模式叫作"单次繁殖"[1]。如果你喜欢看自然纪录片，那么你大概能从太平洋鲑鱼的生命周期中分辨出它就属于单次繁殖生物。

---

[1] 单次繁殖，也称一次繁殖、终生一胎。在生活史中，只繁殖一次就死亡的生物称为一次繁殖生物。与一生中繁殖多次的生物相比，一次繁殖生物产下的个体数量更多。——编者注

太平洋鲑鱼在小溪中产卵，这确保幼鱼能够在相对安全的环境中成长。长大一些后，新一代鲑鱼游向大海，并在海中发育到性成熟阶段。之后的某个时间点，它们该繁衍后代了，但不幸的是，太平洋鲑鱼一定得回到它们出生的那条小溪繁殖。这就意味着，这些可怜的鲑鱼必须溯流洄游数百千米，回到内陆水域。令人困惑的是，它们竟然能够逆流游回瀑布之上。真是疯狂之旅！

对鲑鱼来说，更倒霉的是，除了我们人类，其他动物也知道它们有多么美味。当鲑鱼开始洄游时，沿途所有的捕食者——熊、狼、鹰、苍鹭……都耐心地等着大快朵颐。为了增加生存机会，太平洋鲑鱼分泌大量应激激素，并完全停止进食。接下来的每个日夜，都是它们与大自然无眠无休对抗的时间。大多数鲑鱼失败了，但少数成功的鲑鱼，将后代播撒到它们生命开始的同一条小溪中。

你可能以为顽强的鲑鱼完成了这一壮举就万事大吉，可以一帆风顺地游回大海了，毕竟回程是顺流而下，还能向洋流借力。但是，它们不会再有回程了。繁殖之后，鲑鱼就走到了生命尽头，像植物一样迅速枯萎下去。受精卵隐入沙质河床几天之后，它们的亲代就全部死去了。

这种离奇而惨烈的生命模式大概比你想象得常见得多。以下是我最常举的一些例子：

○雌性章鱼一旦产卵，便封口不再进食，将全部精力用于保护受精卵。卵孵化几天后，雌性章鱼就会死去。

○雄性澳大利亚褐肥足袋小鼠（俗名棕袋鼩）在繁殖季节会变得极其紧张、焦虑，且具有攻击性。繁殖季一过，它们便会因精力耗尽而死。

○蝉一生中的大部分时间（可长达 17 年）都在地下度过，只有产卵时才来到地面。产卵后不久，成虫就会死亡。

○蜉蝣在孵化后，只剩下不超过一两天的寿命。有一种没有口器的蜉蝣成虫只能存活 5 分钟左右。它们短暂一生中的唯一使命就是繁殖一次。

○有些植物也以这种模式衰老。被称为"世纪植物"的美洲芦荟可以存活几十年；不过，一旦开花（它们一生中也只能开这一次花），很快就会枯萎死去。

相反，还有另外一些动物根本不会衰老，至少不是传统意义上的衰老。龙虾就是其中之一。这种甲壳类动物之王像树木一样，不会随时间流逝而变得孱弱，生育能力也不会衰减。它们会持续生长，变得越来越强壮。当然，这不是说龙虾永远不会死亡。大自然是残酷的，捕食者、竞争者、疾病和意外，最终总有一样会结束龙虾的生命。即便不是如此，龙虾也终将因为体型过于庞大而导致的生理问题死去。尽管如此，对龙虾来说，年纪增长和衰老并不是像我们人类通常认知的那样呈正相关的事。

* * *

大自然中还有一些生物，为了延长寿命而进化出一些特殊的技巧。比如，某些细菌可以进入一种类似休眠的状态。当感受到生存压力时，这些细菌将自身转化成类似种子的紧密结构，叫作"内孢子"。内孢子几乎可以抵御自然界中的一切威胁，甚至耐高温和紫外线辐射。内孢子内部，维持菌体正常运转的活动全部暂停，整个细菌就像死掉了一样。不过，内孢子仍保持着对外界的感知。一旦环境得到改善，它就会解除戒备，又恢复成和从前一样活跃的细菌，不留任何"后遗症"。

很难判断细菌究竟能以内孢子的形态存活多久，也许根本没有期限。在实验室中，复苏超过一万年的内孢子样本是科学家们的常规操作。甚至有报道称，休眠几百万年的内孢子也能够恢复活力。

不过，据我看来，荣获"最佳长生技巧奖"的生物应该是一种小小水母——灯塔水母。在外行人眼中，灯塔水母平平无奇。它们只是指甲大小、一辈子随波逐流、以浮游生物为食的小水母而已。

但认真审视它，灯塔水母就有可能向你祖露它的秘密。

当灯塔水母感受到外界压力时，比如食物短缺或水温骤变，它们就会发生一些奇异的转变：从成年形态逆生长回"水螅形态"。这就好比蝴蝶变回毛毛虫，或者你本人在工作中遇到压力后，决定变回幼儿园小朋友。

灯塔水母变回水螅，实际上是一种返老还童现象。之后，它们可以重新长大，不会留下曾经长大过的痕迹。研究表明，灯塔水母这种本杰明·巴顿式的功能还有更令人惊奇的地方：它可以一次又一次地返老还童。当然，作为巨大海洋中的一只小水母，它不可能永远逍遥三界外，早晚会成为捕食者的腹中餐。不过，在安全的实验室环境中，灯塔水母也许是永生的。灯塔水母很可能就是衰老研究的"圣杯"——永生生物。

像所有的"奇技淫巧"一样，返老还童并非某一种生物的独家秘笈。尽管灯塔水母是我最喜欢的例子，但自然界中还有其他生物也拥有返老还童的绝技，比如俗称"九头蛇"的淡水水螅和原始的扁形动物涡虫。与灯塔水母类似，当食物充足时，涡虫过着平淡的生活；但在食物紧缺的日子里，涡虫就开始展示它的独特技能了。闹饥荒时，涡虫以自己为食。它从相对不重要的部分开吃，可以一直吃到只剩神经索。这给了涡虫一些缓冲时间，等待生存条件改善。环境缓和后，涡虫可以将吃掉的部分再长回来，重塑新生！当年龄相仿的虫子相继衰老、死去时，能够返老还童的涡虫仍然充满年轻活力，游来游去。涡虫等扁形动物的再生能力极强，甚至被切成两半时也不会变成一只被腰斩的死虫子，而是长成两个新的个体。

畅想一下，如果有一天，人类掌握了这些小生物的魔法技能，会怎样呢？

* * *

18米长的弓头鲸、6米长的格陵兰睡鲨、体型巨大的龟，都是长寿纪录保持者。你注意到其中的模式了吗？如果我再告诉你，即使在圈养情况下，普通老鼠能活满两年就很幸运了呢？

长寿动物有一个共性，就是它们的体型都很庞大。一般来说，体型大的动物比体型小的动物寿命长。鲸鱼、大象和人类相对长寿，啮齿类则寿命较短。

庞大的体型使一些动物受捕食者侵害的可能性大大降低。从演化的角度来看，当成为别人晚餐的风险较小时，这些动物的生命历程会从容许多，也有更大可能维持相对较长的寿命。具体来讲，它们生命历程的特点是成熟缓慢，后代少但哺育期长，对身体的维护投入较多。与此相对，持续面临被捕食风险的物种对未来寄予厚望就不划算了。它们选择活在当下而非寄望于将来，也就是尽快达到性成熟，繁衍大量后代，然后祈祷至少其中一小部分能受到命运的眷顾。

负鼠是诠释这种演化权衡的绝佳例子。生物学家史蒂文·奥斯塔德在委内瑞拉雨林中研究这些小型有袋动物时，惊讶于它们的衰老速度竟然如此之快。奥斯塔德注意到，如果他两次捕捉到同一只负鼠，即使中间只间隔几个月，这只负鼠的身体状况也有显著的差异。

摄影作品中的热带雨林看起来宛若天堂，实际上对生活在其中的动物来说，雨林更像一场噩梦——每根树干后面都暗藏杀机。负鼠短暂的一生就是鲜活的例子。对负鼠来说，成为其他生物的盘中餐是早晚的事，所以它们不再费心维护身体，而是将精力集中在繁殖上，争取在被吃掉之前留下后代。与之相对的是奥斯塔德找到的一组对照样本——生活在美国佐治亚州海岸岛屿萨佩罗的负鼠种群。萨佩罗岛是真正的"负鼠天堂"，这里没有负鼠的天敌。几千年来，岛上的负鼠生活在安全的环境中，终日无忧无虑地在艳阳下闲逛。当存活的风险没有那么大时，投入更多的资源维护身体就划得来了。相较于南美大陆的表亲，它们进化出了更长的寿命。

就"体型—寿命成正比"规律而言，我们人类是个特例。但人类恰好证明了"相对安稳的生活有利于进化出更长的寿命"这一原则。人类属于比较大型的哺乳动物，但仅就体型来说，我们的寿命是远远高于常规经验值的。究其原因，很可能是由于我们处于食物链的顶端。大多数动物明智地避开了我们；不够聪明的那些，可想而知，大概在石器时代就吃尽了苦头。

同样，这一假说也为"体型—寿命成正比"的其他特例找到了合理的解释。比如，寿命长的小型动物通常具有一个共性，就是能够飞翔。这大大减少了它们被捕食的风险。鸟类比体型相近的哺乳动物寿命长得多；唯一会飞的哺乳动物蝙蝠则比体型接近的其他哺乳动物长寿 3.5 倍。

* * *

我们列举了一系列动物，说明大型动物比小型动物寿命长。那么，你认为哪种狗比较长寿，是大丹犬还是吉娃娃呢？假如你是一位大型犬爱好者，可能你已经知道正确答案了：很不幸，大型犬的寿命并不长。大丹犬通常只能活到 8 岁左右，而吉娃娃、杰克罗素㹴和拉萨犬等小型犬的寿命能达到它的两倍还多。也就是说，虽然在不同物种之间，体型大的物种寿命通常更长；但在同一物种间情况却正相反，体型小的个体寿命更长。比如，矮种马的寿命比普通马长；再比如，鼠类长寿纪录的保持者是一种叫作艾姆斯氏鼠的侏儒品种。

同一物种间，雌性的寿命通常比雄性长。狮子、红鹿、土拨鼠、黑猩猩、大猩猩，还有我们人类，都是如此。这又是为什么呢？原因之一可能是，雌性个体的体型一般比雄性个体小。拿人类来说，男性的体型平均比女性大 15%~20%，寿命则比女性短若干年。鬣狗等雌雄性体型无明显差异的哺乳动物物种，两性之间就不存在显著的寿命差异。

* * *

接下来让我们认识一下长寿研究者的掌上明珠——裸鼹鼠。

这位抗衰老全明星选手来自东非。不过，在广袤的非洲大草原上，很难看到它们的身影。向土里挖上几厘米，才能看见这种小动物沿着它们建造的绵延数千米的隧道逃窜。

裸鼹鼠深得科学家青睐，靠的可不是长相。它长成什么模样呢？想象一下在你最可怕的噩梦中出现的老鼠——裸鼹鼠比它更丑一些。裸鼹鼠的皮肤是肉粉色的，布满皱纹。除了零星的长毛，它全身都是秃的。用于掘土的门牙突出在嘴外面；眼睛几乎失去了功能，退化成两个小黑点。

尽管长成这副尊容，裸鼹鼠可不是落落寡合的动物。它们的东非隧道王国"鼠丁兴旺"，群落成员有 20~300 只之多。大家共同建设和维护领地，沿隧道巡逻，防御敌人，寻找食物。

不当值的部落成员聚集在"总部"。那里有食物储藏间、寝室，甚至厕所。总部也是群落中最特别的成员——女王——所在之处。你瞧，裸鼹鼠部落不是普通意义上的哺乳动物群体，它们是唯一的完全社会性的哺乳动物。"完全社会性"这种群体架构其实更常见于昆虫，比如蚂蚁和蜜蜂。女王是裸鼹鼠部落中唯一能生育幼崽的个体，除了被女王选为"娈宠"的少数雄鼠之外，其他全部是不参与生育的工鼠或兵鼠。

研究人员觉得裸鼹鼠十分神奇，因为它们是"体型—寿命成正比"假说的特例。成年裸鼹鼠的体重约为 35 克，跟普通老鼠差不多，但相较于老鼠最长不超过 4 年的寿命，裸鼹鼠竟然可以活到 30 多岁。

想象一下，如果你是一位研究延缓衰老、延长寿命的科学家，你会去哪里寻找灵感的火花呢？当然是去找那些特别长寿的动物，看看它们有什么绝招。

继续想象，该挑选哪些长寿动物选手呢？鲸鱼，养在实验室里可能有点儿困难；大象，也一样；鸟类，倒是可以养在笼子里，但有虐待动物之嫌，而且它们不是哺乳动物，与人类亲缘关系较远。这样一比较，你就明白裸鼹鼠有多么重要了——它长寿，易在实验室条件下饲养；它是哺乳动物，对人类有很高的参考价值。

各项皆优！

下一个挑战是寻找对照组。显而易见的选择是找来裸鼹鼠的短命亲戚，然后比较两者的不同，看这些不同能否解释它们寿命长短存在差异的原因。裸鼹鼠再次体现了优越性——它的亲戚也十分好找。实验室最常用的模式动物大鼠、小鼠就是与裸鼹鼠亲缘关系很近的短命鬼。因此，从这个角度来说，裸鼹鼠也是研究衰老的理想对象。

早在本书出版之前，世界各地的研究人员早就抢先我们一步，研究裸鼹鼠几十年了。他们发现，年轻和年老的裸鼹鼠之间几乎找不到什么差别。大家可能会说，裸鼹鼠保持青春容貌的门槛也太低了——没毛、有皱纹不就行了嘛！尽管如此，这仍是一个有趣的现象，不仅是科学实验，就连我们肉眼所见都能证明裸鼹鼠驻颜有术。

研究人员还报告说，裸鼹鼠几乎对癌症免疫。即使人为诱导肿瘤发生，在累计数千只裸鼹鼠样本中，也仅有 6 例患癌个例。对体型如此小的动物来说，这尤其令人讶异。相较来说，70% 的实验用小鼠死亡后都被发现有患癌迹象。通常情况下，包括人类在内的任意物种，患癌率达到 20%~50% 都是正常的。例如，在许多发达国家，癌症已超越心脑血管疾病，成为致死率最高的病症。然而，裸鼹鼠这种毫不起眼的东非小啮齿动物，竟然已经掌握了驯服癌症的方法。不得不承认，裸鼹鼠不愧是一种神奇的生物，它将在我们接下来要讲述的抗衰故事中扮演核心角色。

Chapter 2

Sun,
Palm
Trees
and
a Long
Life

第二章

阳光、棕榈树与长寿

　　哥斯达黎加尼科亚半岛首府尼科亚镇，一个温暖的星期四下午，一辆由校车改装的巴士驶入公车总站。我设法确认了这趟车跑的就是我要乘坐的线路，然后加入规模逐渐变大的等车队伍。等车的大多是当地人，有年轻的母亲、老年夫妇、中年女人，还有欢声笑语不断的学生们。大家坐定后，巴士很快出发，蜿蜒穿过尼科亚镇的混凝土丛林，驶进哥斯达黎加郁郁葱葱的乡村。路上几乎没有车。道两旁建着色彩缤纷的小房子。远眺地平线，是一抹深绿色的风景。

　　在巴士上，我这个形单影只的外国佬自然很快吸引了人们的注意。我不得不说出那句很扫兴的西班牙语："我不会讲西班牙语。"然而，这阻挡不了我们用手势、西语指南上的简单词汇，以及谷歌翻译进行简单的交流。

车行驶了一会儿，一个女人小心翼翼地转向我，用蹩脚的英文问："你要去霍扬查吗？"

"是的。"

"去那里干吗呢？徒步旅行吗？"

"不，不是的。"我解释说，"我要去看蓝色宝地。"

女人笑起来，给其他人翻译了我的话。然后，她又转向我，眼神认真了一些："那些说法都是真的。"

半个小时后，巴士驶进昏昏欲睡的霍扬查村，停在中心广场。我刚下车，一位当地人就指给我镇上最好的餐厅，并连番感谢我的来访。之后，在我享受传统午餐"卡萨多"[1]时，哥斯达黎加乡村的日常生活在我身边缓缓展开了。

* * *

悲观主义者可能认为人类永远无法战胜衰老，甚至显著延长寿命都是不可能的。但是，当我们了解自然界中的其他衰老模式后，就很难认同这种悲观的看法了。有些动物本身与人类一样复杂，寿命却比人类长得多，衰老得也十分缓慢，甚至能返老还童。这些动物的存在让我们相信，就目前来看，延长人类的寿命并不

---

[1]　卡萨多（casado）是哥斯达黎加豆饭，通常包含黑豆、米饭、肉类和果蔬等。casado 在西班牙语中有"婚姻"之意，比喻这道豆饭由多种食物烹饪而成，品种丰富而口味协调。——编者注

存在什么重大的生物学障碍。只要运用创造力，人类就可以掌握对抗衰老的主动权。

虽然来自自然界的灵感有朝一日可能会帮助我们对抗衰老，但它并不是灵感的唯一来源。在同类身上，也有很多可借鉴之处。人类个体之间的相似度是非常高的；但在某些方面，比如衰老速度和寿命长短，个体间仍存在显著差异。这就是我为什么要说起尼科亚半岛。坐落在哥斯达黎加山区的尼科亚，因其秀美的风光成为广受欢迎的旅游胜地。这里有原始雨林、美丽的沙滩和温暖宜人的气候；但除此之外，尼科亚半岛还因为美国记者丹·布特纳在《蓝色宝地》（*The Blue Zones*）一书中的隆重推介而闻名于世。所谓"蓝色宝地"，就是那些本地人口长寿概率特别高的地区。布特纳在书中记录了对全球所有著名"蓝色宝地"的探访。

除尼科亚半岛外，全球还有其他四块"蓝色宝地"：意大利撒丁岛的巴尔巴吉亚地区、希腊伊卡里亚岛、日本冲绳县，以及美国加利福尼亚州洛马林达市。这些地区的共同特点是，居民寿命的统计数字高得令人难以置信。以 1900 年出生的人为例：是年出生的冲绳妇女成为百岁老人的概率比我的家乡丹麦的妇女高出7.5 倍以上；男性则高出几乎 6 倍。

那么，问题来了：是什么因素导致这些看似随机分布的"蓝色宝地"长寿人口比例如此之高？是当地居民本身有特别之处，还是他们的生活方式或环境另有玄机？

乍一看，我们可能会倾向于在遗传差异上找原因。不可否认，五个蓝色宝地在某种程度上都是偏远隔绝之地。即使今天，通往尼科亚的许多交通路线仍是狭窄的丛林小径或泥土路，驾乘全地形山地车才有可能畅行无阻。也就是说，在历史上，当地居民始终是与世隔绝的，只能在本地通婚。如果尼科亚人真的拥有抗衰老基因，那么这些基因会代代相传。然而，血缘不可能是他们长寿的唯一因素。研究显示，当尼科亚人搬离家乡时，他们就不再像留下来的人那样长寿了。

布特纳试图从这些地区的文化上找原因：当地居民紧密的家庭关系、饮食习惯、活跃又轻松的生活方式，以及他们赋予生活的强烈的意义感。

布特纳也许是对的，但我们没有足够的时间去证实了。过去几十年来，全球化的触手已牢牢掌控了蓝色宝地。而今，尼科亚半岛居民的生活方式与世界其他地方日渐趋同。这里也有了快餐和需要久坐的工作，大多数人已经开始使用便利的机动交通工具。在偏远山村，你也许还能找到传统生活方式的痕迹，但即使在那里，屋顶上也安装了卫星天线，路上也跑着汽车。

日本冲绳县是蓝色宝地萎缩的典型例子。日本人本就以平均寿命高而著称，而冲绳人又是优中之优。直到千禧年之初，冲绳居民的人均预期寿命都高居全日本榜首。然而，自此之后，蓝色宝地就在我们眼前凭空消失了。如今，冲绳人的体重指数（BMI）全日本最高，肯德基快餐食用量也位居全国之首；与此同时，他们的平均寿命急速下降，排名已沦为全国倒数。

总的来说，冲绳和其他蓝色宝地的开发与发展当然是一种社会进步。全球化虽然带来了肥胖和健康问题，但同时也给这些地方引进了现代医学、清洁的饮用水和充足的食物保障。几乎可以肯定，尼科亚半岛人如今的生活质量比过去高，但是，快速的经济发展使我们很难再解开蓝色宝地的长寿之谜了，或者说，"曾经的"长寿之谜了。

* * *

也有人质疑蓝色宝地这个概念本身，认为也许全球化根本就没有对这些地方产生负面影响，也许当地人本来就没有那么长寿。在全国范围内施行出生证明政策后，美国的超级长寿老人数量骤减。并非出生证明令人早死，而是许多所谓的"百岁老人"糊涂到记不清真实年龄而已，说得更难听一些，就是彻头彻尾的欺诈。质疑者认为蓝色宝地的情况可能也是这样。撒丁岛、冲绳、伊卡里亚竟是所谓超高寿者频出的"宝地"，这简直匪夷所思，因为它们都位于偏远贫穷的省份，是教育水平低、犯罪率高、酒精和烟草消耗量大的典型地区。

蓝色宝地研究者当然没那么天真，他们显然已经考虑过这方面的问题了。研究者下了很大功夫，利用官方文件和家庭成员访谈等证据，交叉验证研究对象的年龄。当然，完全剔除弄虚作假的个案是不可能的。年龄欺诈肯定是以往许多"长寿热点地带"出现的原因，我们也确凿地知道谎报年龄是古老的欺诈形式之一。神话、传说甚至历史资料中，都充斥着据称活了200岁、500岁甚至1000岁的人。在我们继续讨论长寿老人的研究时，应该牢记这一点。

如果想研究人类寿命的规律，采用国家层面的数据可能更可靠。最佳选择当数世界卫生组织（WHO）公布的各国平均预期寿命名单。目前，这个名单上排名第一的是日本，之后是瑞士、韩国、新加坡和西班牙。排名每年都在变化，但总体来说，这份名单无异于一个"知名富裕民主国家排行榜"。此外，值得注意的是，亚洲国家排名尤其高。虽然日本、韩国、新加坡都是发达富裕国家，可是单以财富这一因素做预期的话，他们的平均寿命并不会像实际的那样高。目前尚不清楚究竟是什么原因让亚洲人更长寿，一种猜测是相对健康的生活方式。与西方国家相比，亚洲国家的饮食文化往往更健康，肥胖率也比较低。但从另一方面看，亚洲国家的吸烟率更高，污染也更严重。另一种猜测是养老金欺诈。比如，2010 年，日本当局发现 23 万名被列为百岁老人的居民下落不明。其中一些人可能很久以前就过世了，但他们的亲属为了继续领取养老金而没有上报。但话又说回来，没有任何迹象表明亚洲的养老金欺诈比世界其他地方更猖獗。此外，美国的亚洲移民及其后代也很长寿。事实上，亚裔是美国最长寿的族裔，比祖上来自欧洲的美国人寿命更长。

将视线聚焦到我所在的世界一隅，不难发现南欧国家的平均寿命高于其北方邻国。截至撰写本书时，西班牙、塞浦路斯和意大利在欧洲长寿榜上分别排在第二、第三和第四位。这些国家的平均预期寿命比一些表现欠佳的欧洲北部国家，如德国、英国，以及——我要很难过地说——我的祖国丹麦，高出两年左右。欧洲的两个蓝色宝地伊卡里亚岛和撒丁岛都位于南欧。据我观察，这个排名与大多数欧洲人对长寿地区的刻板印象精确地重合了。比如，"地中海饮食"向来被吹捧为特别有益于健康。

尽管富裕国家的人均寿命普遍比贫穷国家高这一点不足为奇，但由上述数据可知，要探索长寿之谜，似乎应该着重把关注点放在东亚和南欧。

Chapter 3

Genes
Are
Overrated

第三章

被高估的基因

在解释人类个体间的差异时，社会科学通常从遗传和环境两方面来分析，即先天与后天。也就是说，人的性状可能是先天由基因决定，也可能是后天由环境所养成的。举例来讲，假如你在婴儿时期被一个保加利亚家庭收养，养父母的虹膜是紫色的，那么，收养这一事件不会改变你的虹膜颜色，但会使保加利亚语成为你的母语。这是因为虹膜颜色是由基因决定的，而语言是由环境决定的。

尽管就一小部分性状来说，它们由基因决定还是由环境决定一目了然，但是对于绝大多数性状，这种非黑即白的区分方法就过于僵化了。事实上，人类的绝大多数性状是基因与环境共同作用的结果。以个性为例：一个人或许有一些先天倾向，比如脾气稍显急躁或比较害羞，但这些倾向有可能因为教养及成长环境而大大加剧或缓解。

同样道理，人的健康状况和寿命长短也是基因与环境共同作用的结果。要研究衰老并寻求与之对抗的方法，首先就要辨清基因和环境在其中分别扮演什么角色。

分辨基因与环境作用的最常用方法是双胞胎研究。对科学家来说，拥有相同遗传信息的同卵双胞胎简直是浑然天成的理想样本。通常状况下，受精卵形成后，只会发育为一个胚胎。但有时在早期细胞分裂过程中，受精卵会一分为二，发育成两个遗传信息完全相同的个体，仿佛一对克隆人。

相较之下，异卵双胞胎的遗传信息则不完全相同。他们分别来自两个由不同的卵子和不同的精子结合而成的受精卵，因此从遗传信息上看，异卵双胞胎的相似度只有 50% 左右，并不比普通的兄弟姐妹更高。

无论同卵还是异卵，双胞胎之间的异同都可以帮助科学家研究基因在决定性状方面到底发挥了多大作用。

假设双胞胎在相似的环境中成长，但就某些性状而言，遗传信息 100% 相同的同卵双胞胎比异卵双胞胎表现出更高的相似性，这就说明基因在这些性状上起着相对重要的控制作用。

"明尼苏达双胞胎实验"就是此类研究中一个颇为有趣的例子。该实验追踪观察了儿时就被不同家庭领养的若干对同卵及异卵双胞胎。研究人员最初推测，分开长大的同卵双胞胎会因成长环境不同而表现出较大的差异，可结果令他们大为惊讶：这些分隔两地的双胞胎是如此相似，甚至让人以为素未谋面的他们就是从小在一起长大的。

南希·西格尔是参与此项研究的科研人员。她讲述了同卵双胞胎兄弟詹姆斯·路易斯和吉姆·斯普林格的例子：第一次"重逢"时，兄弟俩已经40多岁了。他们之前从未联络过，但生活轨迹却惊人地相似：两人都经常去佛罗里达州同一片海滩度假；都有咬指甲的习惯；都开浅蓝色的雪佛兰轿车；都患有类似的头痛病；都曾在郡治安官办公室和麦当劳餐厅做兼职；他们一个给儿子取名叫詹姆斯·艾伦，另一个给儿子取名为詹姆斯·埃伦。兄弟俩生活中的"巧合"多到离谱：他们的初婚妻子都叫琳达，二婚妻子都叫贝蒂。不过，其中一位已经跟贝蒂离婚了，也许另一位贝蒂也该为她的婚姻担忧了。

当然，伴侣的名字并没有写在一个人的基因里，但双胞胎实验似乎能证明，遗传在决定性状方面起着非常强大的作用。那么，遗传对寿命又有怎样的影响呢？

遗传与寿命领域著名的研究之一也是以双胞胎为样本的。此项研究的对象是1870~1900年出生在丹麦的双胞胎。科研人员统计了所谓的"遗传度"[1]：男性为0.26，女性为0.23。其他研究也得出了类似的结论：阿米什人，0.25；犹他州样本，0.15；瑞典样本，0.33。具体的数值并不重要，重要的是它们全部都很低——在

---

[1]　遗传度，又称遗传率、遗传力，是遗传研究中采用的一种重要参数，指某一群体内某数量性状由于遗传引起的变异在表现变异中所占的比重，可用于判断性状变异传递给后代的可能程度。——编者注

0~1 的区间中，上述所有研究的长寿遗传度数值都更接近于 0。

"遗传度"是一个比较专业的概念，简单来说：如果某性状的遗传度是 1，那么不同个体之间在此性状上的全部差异都是由遗传造成的。例如，假设身高这一性状的遗传度是 1，那么甲比乙高就表示这种差异的产生完全是由于甲与乙的遗传信息不同；假如某性状的遗传度为 0，那么此性状在不同个体间存在差异则完全是环境所致。由此可见，寿命的遗传度在 0.15~0.33 之间表明：人与人之间存活年限的差异很大程度上是由遗传以外的因素造成的。

在遗传与环境如何作用的研究中，科研人员仍将双胞胎作为重要观察对象，同时也开始尝试一些新的研究方法。比如，谷歌旗下的 Calico 公司[1]与祖源网站"Ancestry.com"开展了一项合作研究项目。Ancestry.com 的数据库中有超过 1 亿份族谱，这些族谱记载了海量分属各个家族的个体的年纪数据。Calico 公司的科研人员利用这些数据进行了相关分析。

分析结果再次确证，寿命这一性状的遗传度很低。也就是说，虽然遗传在许多性状的形成上发挥着重大作用，但它跟一个人寿命的长短关系不大。

Calico 公司的研究人员还发现，基因甚至可能并不像双胞胎实验中显现的那么重要。他们注意到，没有血缘关系的已婚夫妇在寿命上的相似度通常高于其异性手足。也就是说，相较于亲生

---

[1] Calico，即加州生命公司（全称"California Life Company"），是谷歌于 2013 年成立的一家公司，主要目标是利用先进技术研究对抗衰老和延长人类寿命。——编者注

姐妹，一个男子的寿命可能与他的妻子更接近。而且，总体来说，通过婚姻关系加入某个家庭的人，其寿命与该家庭的平均寿命成正相关——这一点或许能让与超级长寿的婆婆或岳母同住的人心

历史上的"遗传度"

在所有关于人类寿命遗传度的研究中，采用的样本都是已故老人。他们出生的年代与你我显然不同。这很可能对研究结果造成一定影响。

只以身高为例，就很能说明问题。过去，一个人成年后的身高受成长环境，也就是社会阶层的影响很大。出身富裕的人，有大量富含蛋白质的食物供给；出身贫穷的人，也许只能靠单调寡味的食物为生，甚至不时断炊。同时，穷人的生活环境拥挤，疫病传播的概率较高。这些差异使得富裕的人通常比穷人身量高。这不是基因造成的，而是生活条件导致的。当代社会，情况已经有所改变。在大多数发达国家，即使是贫困人口也拥有充足的蛋白质来源，儿童期也可以接种疫苗。这就意味着环境不再是身高的限制因素，每个人都有机会长到遗传所允许的最高身高。因此，在当今时代，一个人成年后的身高受遗传因素影响更大。在寿命方面，很可能是类似的状况：当环境的制约消失时，基因的权重就增加了。

里稍微好受一些。

不过，夫妻的寿命相似也可能是因为人们倾向于寻找与自己相似的人作为配偶。虽然无法预知伴侣的寿命，但你看中的人很可能与你有共同的喜好。比如，饮食习惯相近，同样热爱（或不喜欢）运动。另外，夫妻二人的经济水平与体貌特征通常也大致相当。

列举上述细节的目的是说明：以配偶为样本来观察，基因对寿命的影响似乎被高估了。若将夫妻间的相似性纳入考虑，则寿命的遗传度降至 0.1 以下；也就是说，一个人的寿命与遗传基本无关。对想靠后天努力"逆天改寿"的人来说，这无疑是个好消息。

人们往往认为，如果某一性状是基因决定的，那么就木已成舟了。但要知道，基因不是魔法，也不是所谓"命中定数"，它们只是指导蛋白质合成的图纸。你我之间的遗传差异可能仅仅是因为某种蛋白质的合成量多一点或少一点而已，或者你体内合成的蛋白质的版本跟我的稍有不同罢了。正是蛋白质层面上的差异造成了个体间性状的多样化，这跟毫无道理可循的"魔法"大不一样。

假如能够厘清遗传信息是如何造成人与人之间的差异的，我们就可以通过药物或技术手段来消除这些差异。例如，基因决定了有些人更易于出现视力不良的情况，为了矫正视力，现代人发明了框架眼镜、隐形眼镜和激光手术。随着科技的发展，也许人类最终可以参透其中的遗传机制，开发相应技术来弥补遗传上的不足，从而让所有人都拥有不易发生视力障碍的性状。如此一来，原本的遗传倾向如何就无关紧要了。

寿命长短亦是如此。虽然遗传对人类寿命的影响有限，但也不是完全没有作用。这意味着，我们可以从长寿者的遗传信息中获取一些延年益寿的线索。若能破解这些线索并研制相应的药物，或许我们就可以让所有人享受类似"长寿基因"的红利。

设想一下，假如我们发现你的基因"虚拟1号"上有一个突变，并且你和其他拥有同样突变的人都有长寿倾向。进一步研究表明，"虚拟1号"发生此突变后，它编码的蛋白质合成量略微下降；也就是说，"虚拟1号"蛋白含量的下降很可能使人更长寿。那么，我们也许就可以寻找一种方法来模拟这种变化，让所有人的"虚拟一号"蛋白都减少一点——比如让已经合成的蛋白质降解一部分；也可以从源头着手，通过药物抑制"虚拟1号"基因的表达。

客观地说，这些不过是我纸上谈兵的理论分析，现实中的生物研究要纷繁复杂得多。人类大约有21,000个基因。过去，我们使用"身高基因""肥胖基因"之类的简单叫法也许还说得过去，但现在研究已经证实，遗传远比我们想象的复杂——人类的大多数性状并不是由单个或几个基因控制的，而是由成千上万个基因共同控制的。多数情况下，每个基因，或者说每个遗传变异类型，都只具有很小的影响力，必须把所有具有影响力的基因整合在一起，才可能预测它们会使一个人的某一性状发生什么样的变化。幸运的是，有一种叫作"全基因组关联研究"（GWAS，全称

Genome-Wide Association Studies）的方法可以帮助我们达到这一目的。GWAS 使用的统计学手段相当复杂，但其概念本身很容易理解。在 GWAS 研究中，科学家以成千上万人的基因组作为样本，寻找与特定性状相关联的遗传变异类型。比如，发现一种变异类型只存在于蓝色虹膜个体的基因组中，而棕色虹膜的人几乎没有；这很可能表明此变异与虹膜颜色相关。如果先前的研究已经发现，该变异所在的基因与色素产生或眼睛发育有关，就更增加了这种推论的可信度。

科学家们一旦搜集到大量影响某性状的变异类型组合，就用统计学方法将其汇总，得出所谓的"多基因风险评分"。举一个粗浅的例子，假设你和我是两个干劲儿不足的科研人员，想弄清楚焦躁情绪是由什么基因控制的。我们以很多人为样本进行 GWAS 分析，发现有 1000 个拥有不同变异类型的基因与焦躁情绪的产生有关。我们用一个简单的模型来计算：如果一种变异类型是促进焦躁情绪产生的，记"+1"分；反之，则记"–1"分。汇总下来，我的焦躁情绪多基因风险评分为 +600，而你的是 –200。也就是说，像我这样极度容易躁动的人最好还是抓紧时间把本书写完；而像你一样情绪平和的人到时候就可以坐在沙发上放松一下，顺手拾起本书来读一读。

虽然科学家针对寿命长短这一性状做了 GWAS 分析，但距离破译长寿的遗传密码还有很长的距离。不过，他们总算发现了一些有用的遗传规律，可以作为进一步研究的线索。

首先，长寿与影响免疫系统功能的基因变异类型显著相关。

在一些长寿人群的基因组中出现频率较高的变异类型，往往也在防御感染方面发挥了积极的作用。

其次，长寿与影响新陈代谢和生长的基因变异类型相关联。例如，一些长寿者拥有某种位于 FOXO3 基因中的特定变异类型。FOXO3 的全名叫作"叉头盒转录因子 O 亚型 −3"（Forkhead Box O3），它担负着许多功能，其中一项是参与胰岛素及胰岛素样生长因子 −1（IGF-1）的信号传递。胰岛素和 IGF-1 都是促进生长和调节新陈代谢的重要激素。

第三，长寿与降低老年病发生概率的基因变异类型相关联。有些促进长寿的基因变异类型是在延缓衰老进程方面起作用，另一些变异类型的作用则是在衰老已经发生之后降低个体罹患老年病的风险。其中最著名的是载脂蛋白 E（APOE）。APOE 的作用是将脂肪、维生素和胆固醇从淋巴循环系统运输回血液循环系统。大自然最喜欢物尽其用，所以 APOE 在神经系统和免疫调节中也发挥一定作用。虽然其中的机制尚不清楚，但 APOE 是重要的阿尔茨海默病风险调节器。人类的 APOE 基因共有三种变异类型，分别是 ε_2、ε_3 和 ε_4。大多数人拥有分别来自父母的"正常"APOE，即 APOE-ε_3。不过，人群中有 20%~30% 的个体拥有的是一个 ε_3 和一个 ε_4。这种组合增加了罹患阿尔茨海默病的风险。还有更不幸的 2% 的个体拥有两个 ε_4，他们患阿尔茨海默病的概率远高于常人。

＊ ＊ ＊

一般来说，GWAS 分析更适于辨别在大量人群中频发的遗传变异类型有何作用。如果一种变异类型过于罕见，那么它可能会在 GWAS 分析中被忽略。这绝对不代表罕见变异不重要，事实恰恰相反，我们有理由相信，罕见变异对健康和长寿可能产生很大影响。幸运的是，我们已经见过这样的先例：罕见变异拥有激动人心的功能，它们偶露峥嵘，就被捕捉到了。

在美国印第安纳州小镇伯尔尼，就发生过这样的幸运事件。乍看上去，伯尔尼与美国中西部其他城市大同小异——网格式的街道、铺着漂亮草坪的独栋大宅，还有城外一眼望不到边的农田。但是，见到这里的居民，你立刻就会发现伯尔尼的特殊之处：很多人着装古朴，且乘坐马车出行。再走近一些，你会发现他们不使用英语交谈，而是讲一种德语方言。

他们就是阿米什人：一个信仰特殊基督教派的团结紧密的团体。他们践行艰苦朴素的生活方式，摒弃大多数现代科技。阿米什人最初于 18~19 世纪从德国和瑞士来到北美。这次几百年前的迁徙至今仍有迹可循——他们如今依然称呼非阿米什族的美国人为"英国人"。不过，欧洲的阿米什族早已不复存在，现在只有在美洲大陆才能找到他们。

一百年以前，整个美国只有大约 5000 名阿米什人。到千年之交，阿米什族人口增至 16.6 万。现在，他们已经有超过 33 万名同胞了。人口的增加并不是因为皈依阿米什族变成了一种流行趋势，外人加入阿米什部落的情况其实非常罕见，阿米什人是通过多生多养的方式扩大人口规模的。伯尔尼的阿米什人是19世纪从俄亥俄州迁移到印第安纳州的。最初只有几个小家庭，之后逐渐发展壮大为一个城镇。他们不知道的是在最早的移民中，有一个人携带了一种独特的基因突变。假如此人与外界通婚，那么他所携带的突变就会散播到各地，从而可能永远也不会被发现。但幸运的是，他恰巧是阿米什人。阿米什人相对闭塞的生活方式使得他的后裔大多留在伯尔尼。事实上，一些伯尔尼人从父母双方都遗传到了这种突变，因为两边的家谱中都有原始突变携带者的后代。

上述突变位于编码PAI-1蛋白的基因中。它是一个"功能丧失性突变"，即导致所在基因无法表达的突变。从父或母一方继承该突变的人产生的PAI-1蛋白量大约仅有普通人的50%，从父母双方均继承了该突变的人则完全不合成PAI-1蛋白。

今天我们能够知道PAI-1基因突变的存在，应当归功于坐落在美国伊利诺伊州埃文斯顿市的西北大学的研究者。他们发现：过量表达PAI-1蛋白能够加快小鼠的衰老过程；而抑制PAI-1蛋白则能延缓其衰老。看到PAI-1突变的神奇之处了吧！如果降低PAI-1蛋白的合成量能够减缓小鼠的衰老，那么这种方法对人类是否具有同样的效果呢？

科研人员立刻着手调查，比较了携带不同PAI-1变异类型的阿米什人。由于阿米什部落的封闭性，科研人员能够通过追溯家谱来确认谁是突变携带者。他们发现，拥有PAI-1丧失性突变的伯尔尼人的确比"正常"阿米什人寿命更长。这意味着，抑制PAI-1的

合成量可能同样对人类具有抗衰老的效果。这样看来，携带 PAI-1
丧失性突变的伯尔尼人真可谓天赋异禀，先人给他们留了一份祖
传大礼。

如前所述，接下来就要讨论这种遗传红利能否分润所有人了。
我们需要开展更深入的研究来证实 PAI-1 丧失性突变的功能，并进
一步了解它的作用机制。事实上，已经有生物公司着手开发 PAI-1
抑制剂了。在等待"抗衰老神剂"的同时，也许我们可以思考一
下，为什么 PAI-1 蛋白会加速衰老呢？

有一种说法是，PAI-1 蛋白在细胞老化过程中发挥了重要作
用。细胞老化，是指一些细胞随着人体衰老而进入一种非生非死
的特殊状态。老化的细胞也叫作"僵尸细胞"，它们不再分裂，也
丧失了大部分正常功能。然而，不知为何，僵尸细胞就是不肯撒
手西去，还要分泌一些损害组织、加速衰老的分子混合物，PAI-1
就是其中之一。所以，在记录"与衰老相关的遗传因素"黑名单
时，别忘了添上僵尸细胞。

Chapter 4

The
Disadvantages
of
Immortality

第四章

长生不老的缺点

100 的中位数是什么？如果讨论的主题是衰老，那么 100 岁的中位数不是 50 岁，而是 93 岁。从 93 岁活到 100 岁，与从出生之日起活到 93 岁的困难程度相当。

这是因为人类衰老的程度是呈指数增长的。熬过出生那一关，生活在现代的人类就进入了一生中最安全的阶段——儿童期。这一时期，人体对所有与衰老相关的疾病完全免疫（虽然这些疾病以后总要找上门来）。可惜美好的事物向难久长，人终将度过儿童期，进入青春期，然后衰老就开始了。青春期结束后，死亡的风险会逐年增加，大约每 8 年就翻一番。不过，鉴于初始的风险数值非常小，在衰老发生的早期，我们几乎察觉不到。在青春期结束后的 10~15 年，我们不会觉察到从前一年到后一年，身体发生了什么变化。但随着时间的推移，身体衰退的迹象越来越明显，死亡的风险也将增加至年轻时的若干倍。如果一个人足够幸运，在衰老指数级增长的冲击下幸存下来并活到了100岁，那么他活着的每一天，死亡风险都与他25岁时整整一年的死亡风险相当。

死亡风险之所以随着年龄的增长而增加，是因为我们的生理机能随着年龄的增长而逐渐衰退。衰老的本质，说穿了就是身体机能随着时间的流逝而减弱。有一些迹象是显而易见的，比如皱纹和白发，但衰老远不止外在能看到的这些。下表列举了人体在衰老过程中发生的主要生理变化。

	机能衰退
感官、神经系统	思考能力减弱；记忆力下降；平衡能力衰退；眼球晶状体弹性降低，导致视力下降；夜视能力减弱；味觉及嗅觉减弱
心脏和血管	血管弹性降低，导致血压升高；心脏泵送能力减弱；心律异常次数增加
肌肉和骨骼	肌肉萎缩，收缩力及耐力下降；骨密度降低，骨折风险增高；软骨和椎骨收缩，导致身高缩短
外部特征	皮肤变薄、变干；更容易出现瘀伤；出现老年斑、皱纹和白发
免疫系统	对新病原的识别和抵御能力下降；针对自身的或无目标的低活跃度免疫活动增多
激素	多种激素的分泌量减少：女性雌激素和孕酮分泌量减少，进入更年期；男性睾酮分泌量减少

	机能衰退
内脏	肺弹性降低，肺活量减少；肝脏中和酒精等有害物质的能力下降；肠道完整性和功能性降低，微生物群落的组成发生有害变化；膀胱弹性降低，导致排尿次数增加

　　你可能已经猜到了，正如上表所显示的，一般规律是随着年龄的增长，机体所有的功能逐渐衰退。每个人衰老的速度和程度不一样，比如，有些人的头发不会变白，不过，可以肯定的是，任何一项生理指标目前的状况肯定比 20 年之后要好。

　　很多人因为长皱纹而非常沮丧，但真正值得沮丧的并不是容颜逝去，而是罹患各种疾病的风险大大增加。很少有人的死亡原因是"老死"，但绝大多数人的死亡都与"老年病"有关，即高发人群主要是老年人的疾病。下表是美国致死人数最多的"杀手"排行榜，我们能够从中一目了然地看出这一点。

排名	死因	百分比
1	心脏病	23%
2	癌症	21%
3	意外事故	6%
4	慢性下呼吸道疾病	6%
5	脑血管疾病（特别是中风）	5%
6	阿尔茨海默病	4%

　　除了"意外事故"一项，其余排名靠前的死因都有一个共同

点：它们大多是由衰老引起的。年轻人很少心脏病发作或者患阿尔茨海默病。

了解老年病的机制并开发潜在的治疗方法，是医学界豪掷重金的研究方向。然而，即使研发成功，也只是杯水车薪而已。假设我们明天就能掌握治愈所有癌症的疗法，这将对人类的预期寿命产生多大影响，能增加10年寿命或者更多吗？

答案是，哪怕所有的癌症都消失了，人类的预期寿命也只会增加3.3年。类似地，根除心脑血管疾病，增加4年；消除阿尔茨海默病，增加2年。这几个数字听起来微不足道，但现实就是如此——只要衰老到一定程度，总会有一种病要了你的命。疾病只是死亡的直接原因，究其根本，死亡是由衰老导致的。年轻的肌体有良好的自我维护和修复功能，能够有效地抵御疾病的侵袭。但随着身体机能的老化，将老年病拒之门外的防御之门渐渐松动。起初，可能只是被推开一道小缝；天长日久，门缝越开越大，直至来者不拒。

上述内容让我们对衰老产生了两方面的认知。消极方面是我们知道了身体一旦老化，患老年病便是在所难免的；积极方面是我们也意识到，既然所有老年病的根源都相同，那么只要扼住病源，就可以同时增强对所有病症的抵御能力。重中之重就是延缓衰老。一个具有自我维护能力、活力满满的年轻身体具有双重优势：不仅生命的长度会增加，而且因为降低了罹患老年病的概率，生命的质量也更有保障。

虽然我们知道人体的很多器官都随着年龄的增长而逐渐衰竭，

衰老综合征

有些遗传疾病能使患者的衰老速度远快于常人，其中一种就是"早衰症"。早衰症患者的特点是身材矮小、瘦弱，没有头发，面部样貌独特。从本质上讲，早衰症患者在发育完成前就已经开始衰老了。他们的死因通常是心脏病或中风等老年病。与寻常老年病患者不同的是，这些病症在他们年纪非常小的时候就出现了——早衰症患者的平均寿命只有13 岁。

这种可怕的遗传病是由编码 A 型核纤层蛋白（lamin A）的基因上的一个突变导致的。A 型核纤层蛋白是细胞核的组分之一。当编码该蛋白的基因发生突变时，其指导合成的蛋白的结构产生畸形，从而导致对维持细胞健康非常重要的 DNA 损伤修复功能受阻。其他加速衰老的遗传病发生机制与早衰症类似。

但至今还不太清楚为什么会发生这种情况。一如既往，在生物学研究中遇到疑问，先去达尔文的进化论中找找答案。正如生物学家费奥多西·多布然斯基曾经说过的，"如果不从进化的角度看问题，那么生物学中的一切现象似乎都是不合理的"。举例来说，想弄清老虎的皮毛为什么会有条纹，进化论就可以提供答案：条纹

有助于老虎的伪装。伪装得越好，老虎捕捉到猎物的机会就越多，哺育后代的能力也会增加。它的后代继承这一性状，也拥有更利于伪装的条纹；后代再产生后代，就这样一代复一代地积累、延续，最终几乎所有老虎都是有条纹的了。

可是，为什么会有衰老这种性状呢？乍看上去，即使从进化论的角度，也很难理解衰老和死亡有什么益处。为什么动物没有进化得寿命越来越长，或者能够一直生育后代呢？当然，这样一来，动物就得没完没了地养育和照料后代。但衰老不会带来任何益处，更不会产生后代。既然如此，为什么衰老如此普遍地存在于自然界呢？

英国生物学家彼得·梅达瓦给出了最具洞见的解释：即使动物有长生不老的潜力，它们也不会真的活到天长地久。就拿上文中提到的老虎来说，即使它免于衰老，在生物学上具备永生的潜力，这也不代表它不会因感染而生病、在捕猎时受伤、死于意外、被同类残杀——或者更悲惨的，成为卑鄙的偷猎者的战利品。即使对高居食物链顶端的动物而言，野外生存也危险重重。

在有关衰老进化过程的假说中，最广为接受的理论就建立在上述观点之上。生物学理论家猜测，也许正是因为死亡在野外生存中不可避免，所以生物才进化出衰老机制。衰老的逻辑是：与其投资不可预见的将来，不如专注眼下更划算。关于这一点，我们已经做过一些讨论——还记得第一章里提到的负鼠吗？安全地生活在萨佩洛岛上的负鼠，相较于在时刻危机四伏的雨林中生活的同类，进化出了更长的寿命。同样地，具有飞行能力的动物比只能在陆地上活动的动物寿命更长，因为飞行使它们能够更有效地躲避捕食者，从而提高了投资未来生活的回报率。

我们可以通过一个假想实验来想象这一过程。假设作为实验对象的老虎生来就携带一个对生存极为不利的突变，比如导致它的皮毛呈亮蓝色的突变。虽然看起来很酷，但这种毛色让它无处遁形，很容易被猎物发现。这就导致蓝老虎的捕猎效率极低，饲养后代也困难重重。如果它生出的虎崽继承了这一突变，皮毛也是亮蓝色，那么悲剧再次重演。最终，这个突变必然随着最后一只蓝老虎个体的死亡而消失。

然而，假如这种突变所产生的不利影响并非立竿见影的呢？比如，这种突变导致老虎在15岁之后失明，那么携带该突变的老虎在很长时间内都能过正常的生活，也可以抚育很多幼崽。它和它的后代并不会因此在自然选择中处于劣势。虽然一旦到达15岁，它就会失去视力，捕不到任何猎物并因此饿死，可是大多数老虎本就活不到15岁的高龄。也就是说，在进化过程中，那些在个体存活到物种平均寿命之上才开始发挥不利作用的突变，很难在自然选择中被淘汰，而是逐代积累下去。这就是解释衰老现象的假说之一——"突变累积理论"。

再想一下，如果该突变不但在老虎15岁之前对它没有负面影响，还会产生正面影响呢？例如，作为老年失去视力的补偿，它会使老虎年轻时的视力更加敏锐。那么，该突变无疑将有助于老虎在青年阶段捕获更多猎物，抚育更多后代。即使最终老虎会因此失明、无法捕猎而饿死，可它在壮年留下了更多后代这一事实已经无法改变了。这种理论被称为"拮抗多向性假说"。简而言之，拮抗多向性假说认为：若某些基因突变类型在生命早期对机体产生有益影响，在晚期产生有害影响，则这些变异类型可能因其在生命早期的积极作用而被广泛传播。同时，它在生命晚期所带来的不利变化也会逐渐积累，那就是衰老。

＊　＊　＊

最流行的理论认为，衰老是机体未能及时修复损伤导致的。基本上，持此看法的科学家认为：动物机体的确在试图抵抗衰老，但终究是力不从心。另一些科学家则认为，这完全是无稽之谈。他们提出，衰老是动物发育蓝图中早已设计好的，就像人类从受精卵发育成婴儿再到儿童、成人一样，是个体发育中必然出现的一环。这种假说被称为"程序性衰老理论"。直观地说，这个假说很符合逻辑，对吧？如果所有的动物都长生不老，最终会因为数量过多而造成食物短缺，进而导致全体动物都被饿死。这显然不是明智的生存之道。

不过，这个看似有道理的假说引起了很大争议，因为它在逻辑上和数学上存在严重缺陷。在群体层面上，进化根本不是这样运作的。我们可以用一个叫作"公地悲剧"的经典现象来解释这个问题。在人类社会中，也能观察到同样的公地悲剧：我们需要保护环境、缴税、注意保持公共厨房的卫生，但总有一些人不肯为这些公共利益尽一份力，不奉献、只享受。

公地悲剧现象在自然界中广泛存在。你可能早就见过，却没有意识到那就是公地悲剧。观看自然纪录片时，你有没有纳闷过为什么猎物很少反击？成千上万的角马被区区几只狮子追得四散奔逃。可一群角马的力量加起来，明明就比狮子大呀！双方的数量相差悬殊，有时甚至是几千头角马对一只狮子。无论狮子多么勇猛，角马只凭借绝对数量优势，就能胜券在握。然而，只要狮子出现，哪怕只有一只狮子，角马也只会惊慌地四处逃窜。结果就是，它们之中最后总有一头会被狮子吃掉。

　　如果角马会说话，我们不妨坐下来跟它们谈谈，分析一下局势："假如大家合作，你们绝对会占上风！角马们，联合起来，杀掉狮子！然后，你们就自由了，再不会面临被捕食的危险。"角马们一定会被说服，然后按照我们的思路去制定一套自保方案。下一次，狮子再来袭击时，他们也许就会勇敢地反击。可能会有几头角马因此受伤，但数量上的优势总会令它们取得最终的胜利。从此以后，角马就可以摆脱捕猎者的折磨了。

　　它们也许偶尔会遭遇新的狮群，但通过集体作战，它们将再次胜利，从而极大地改善生存环境。不过，像所有群体一样，角马中也有胆小鬼。胆小鬼跟其他同胞一起过上了安全的新生活，却不肯为群体的安全出战。当狮子发起攻击时，胆小鬼总是躲在防线的大后方，确保自己不受伤害。就这样，胆小鬼不承担任何风险，却享受着同胞冒着生命危险换来的安定生活。

　　冲在前面的角马有时会受伤，甚至死亡，而胆小鬼总是平平安安。因此，胆小鬼的寿命更长，有更多后代。它的后代中有很多也继承了父辈的胆小性格，在危险来临时躲在同胞身后。世代相传，角马种群中的胆小鬼越来越多。最终，种群中所有的角马都是胆小鬼。从此以后，联合防线再也组织不起来。在捕食者袭击时，角马就成了一盘散沙、各自逃命了。

在人类社会中，我们制定了许多社会规则来防止公地悲剧的发生。逃税的人会受到处罚，污染环境的公司会受到惩治，使用公共厨房却不肯清理的人会受到舆论的压力。即便如此，征缴税款、保护环境、保持公共厨房的卫生仍是大难题。自然与人类不一样——它无法预见问题，也无法进行理性思考。进化，是自然界中所有生物盲人学步一般的摸索。在自然条件下，解决公地悲剧的最佳方案，往往是去做那个胆小鬼。

这就是程序性衰老理论不太可能正确的原因。即使程序性衰老机制能够以某种方式进化出来（这种可能性是极低的），它也将面临公地悲剧的挑战。像所有基因一样，控制程序化衰老发生的基因也会产生一定概率的突变。在某一时刻，如果某个人一出生就携带令程序化衰老基因功能丧失的突变，即具有长生不老的性状，那么他就拥有了巨大的优势。他将比正常死亡的普通人繁衍更多后代。最终，这位长生不老突变基因的携带者将成为所有人类的共同祖先。

鉴于现代人类并非长生不老，因此程序化衰老理论也不太可能正确。之所以在这里介绍这一理论，是因为在自然界中和实验室条件下，的确有很多例子看起来像程序性衰老。比如说：

○蜂王和工蜂具有完全相同的基因。一只蜜蜂幼虫到底发育成蜂王还是工蜂，仅仅取决于它得到什么样的食物和照顾。尽管基因相同，蜂王和工蜂的寿命却大大不同。工蜂的寿命只有几个星期，而蜂王可以活上好些年。蚂蚁种群的情况亦是如此。

○前文提到过，雌性章鱼用尽全力守护它的卵，卵孵化出来后，雌性章鱼很快就会力竭而亡。然而，如果移除"视神经腺"，雌章鱼的寿命就会延长。章鱼有两个视神经腺。移除其中一个，章鱼的寿命可延长数周；两个都移除，章鱼可多存活40多周。

○20世纪80年代，美国科学家汤姆·约翰逊发现，抑制"衰老1号"基因的表达可以延长实验室模式生物秀丽隐杆线虫的寿命。起初，科学家们以为秀丽隐杆线虫寿命延长是因为"衰老1号"丧失功能后，机体将资源投放的重点由繁殖转为身体维护；但后续研究发现，"衰老1号"功能缺失的线虫与正常线虫产生后代的数量相当。也就是说，"衰老1号"功能缺失所引发的寿命延长并没有什么副作用。在"衰老1号"之后，科学家们又在秀丽隐杆线虫的基因组中发现了另外几个类似基因，它们的功能丧失同样可延长线虫的寿命，且没有明显副作用。用经典的进化理论考量，这种现象的存在是非常不可思议的。

尽管这些理论和假设听起来像是为争论而争论的学术异见，但事实上，对延缓衰老的研究来说，弄清到底哪种理论正确是至关重要的。对衰老本质的理解，决定了我们在对抗它时采取何种手段。如果像传统理论所说，衰老是由机体自我修复功能减弱造成的，那么解决的方法就是损伤修复——找出所有衰退的功能，并逐一加以修复；如果衰老是程序性的，那解决起来就相对容易一些，改掉程序就好了。科学界对人类早期发育的程式已有了比较透彻的认识，比如受精卵如何从受孕发育成婴儿，又从儿童发育为成人。如果衰老也遵循类似程序，我们就不必费心去修复衰老过程中积累的损伤了，而只需要逆转衰老程序本身。然后，人体便会返老还童并自动修复损伤——正如年轻的机体通常所做的那样。

你一定已经看出来了：人类目前还没有能力在上述假说中做出准确选择。我们只能像押筹码一样将科研资源重点投放在其中一种方案上。目前阶段，理性的做法是听取多方意见，对所有理论持开放的态度。

第二篇

科学家的发现

———

Part Ⅱ

SCIENTISTS' DISCOVERIES

第五章

没能杀死你的东西……

在我的家乡哥本哈根坐地铁时，你十有八九会看到沙冰果汁新品牌的广告。它们信誓旦旦地保证产品"富含"抗氧化剂。"网红"以及网络传销组织在销售品质可疑的膳食补充剂时，也会使用同样的话术。不过，抗氧化剂和保健品之间的渊源其实是在很沉重的背景下形成的。

20世纪50年代，也就是日本遭受核打击之后的几年，科学家自然非常担忧核辐射会对人体造成危害。按照惯例，进行人类相关研究时，要先用小鼠做实验材料，让它们代人受罪。科学家发现，当小鼠暴露在高强度但不致命的放射性辐射中时，其衰老过程加快了。受到辐射的小鼠更早地患上老年病，也更早地死亡。

放射性物质危害小鼠的方式之一，是导致其细胞中产生一种叫作"自由基"的物质。自由基是一些高度活跃的游离基团，当它们接触细胞内的其他分子时，极易与后者发生反应并对其造成损害。不妨将自由基想象成瓷器店里的一头公牛。当动物细胞暴露在放射性物质中时产生自由基，就好比公牛在瓷器店里横冲直撞。科学家把自由基造成的损害统称为"氧化应激"[1]。受到辐射的小鼠，其细胞就处于高度氧化应激状态。

抗氧化剂就是在这种情况下登场的。"抗"字，代表它具有中和自由基的能力。你可以将抗氧化剂想象成注射到公牛体内的一针镇静剂。科研人员试图用抗氧化剂来中和小鼠受到的辐射伤害。实验得出的结论是：抗氧化剂能够使受到辐射伤害的动物寿命延长。

有趣的是，自由基不只在受到辐射的细胞中存在。正常细胞在新陈代谢过程中会产生若干"副产品"，其中就有一定数量的自由基。这意味着即使没有辐射，我们的细胞也时时受到"公牛"的威胁。科学家据此推测：不仅受到辐射的细胞因为自由基的大量存在而迅速衰老，很可能在正常细胞的老化过程中，自由基也充当了幕后黑手。这个理论被称为"自由基衰老理论"。

简单地说，该理论认为细胞的新陈代谢是一种浮士德式的魔鬼交易：为了维持生命，细胞必须进行新陈代谢，但新陈代谢过程中顺带产生的自由基又终将导致细胞的衰老和死亡。

---

[1] 氧化应激是体内活性氧成分产生过多，氧化系统与抗氧化系统失衡而引起的一系列适应性反应。氧化应激状态会导致应激性氧化损伤。——编者注

自由基衰老理论有若干事实依据支持，比如：自由基显而易见地造成细胞损伤；老年人的氧化应激水平高于年轻人；所有老年病都与过高的氧化应激水平相关。不幸中的万幸，该理论为抗衰老提供了一个简单的解决方案——使用抗氧化剂来驯服自由基这头横冲直撞的公牛。

这一解决方案已经提出了几十年，抗氧化剂的有效性也在临床试验中得到了充分证实。事实上，用抗氧化剂来消除自由基的实验重复了太多次，科研人员都可以将历次实验归纳起来做"元分析"了。所谓"元分析"，就是将若干独立研究得到的数据整合在一起，进行统一分析。

在其中一次整合了 68 项研究、共 23 万名受试者的元分析中，科研人员试图弄清，在膳食补充剂中添加抗氧化剂是否有利于寿命延长。

元分析得出的结论是：额外补充抗氧化剂的受试者死亡得更早，罹患老年病的概率也没有降低。不仅如此，从分析结果来看，额外补充抗氧化剂非但不能降低患癌风险，反而会促进某些癌细胞的生长和扩散。

* * *

1991 年秋天，在亚利桑那州皮纳尔县的奥拉克尔，八位科学家被关进了一座未来主义风格的巨型温室生态球"生物圈 2 号"，他们将在里面度过两年的封闭式生活。他们的任务是，在不依赖外界帮助的情况下，实现食物、水、氧气，以及其他生活必需品的自给自足。

这个大型实验的目的是测试人类能否从无到有地创造出一个完整的生态系统。在地球上，人类很幸运地已经身处一个完整的生态系统之中：大自然为我们提供了所有生存必需的条件。若善加维护，大自然将持续地为人类提供庇护。不过，当一部分人类最终要离开地球去其他星球定居时，就需要从头开始建立新的生态系统来供养自身了。

你可能早有了解，地球生态系统中重要的组分之一是树木。树木不仅制造氧气，还为其他无数物种提供栖息地，必要时还能作为建筑材料使用。因此，科学家将树作为新生态系统的支柱，在生物圈 2 号中种植了大量树木。众所周知，树木的寿命极长。那么，它们在生物圈 2 号中生活几年应该不成问题吧？

生物圈 2 号中的树木起初的确长势良好。在巨型温室的宜人环境中，树木生长得非常迅速。然而，实验尚未结束，很多树就死掉了。这是为什么呢？肯定不是疏于照管或缺乏营养造成的；恰恰相反，生物圈 2 号中的树木受到精心照顾，养分也充足。它们缺乏的是生存压力。确切地说，它们缺少的是自然环境中的风带来的压力。

风是树最大的威胁，但没有风，树也无法活下去。正是在风永不停息的冲击之下，树变得强壮且有韧性。如果没有风，树的结构会非常脆弱，最终由于承受不住自身的重量而折断、倾倒。

再说回自由基和抗氧化剂的故事。为什么人们在补充抗氧化剂后反倒会提早死亡呢？这与没有风，树会死掉是一个道理——压力使生物体保持活力。

生物这种在逆境中变强的现象，叫作"兴奋效应"。在人类身上，最能体现兴奋效应的就是体育锻炼。你可能认为运动本身，比如跑步，就是健康的。但仔细想一想，跑步时身体内部到底发生了什么：心率和血压飙升；每跑一步，肌肉都要收缩，骨骼必须承受压力；因为运动需要能量，机体的新陈代谢变得剧烈，自由基的合成量增加。没错，运动直接导致有害物质的加速产生。然而，从长远来看，运动使人更加健康。这是因为所有的挫折都在传递一个信号，命令身体："你需要变得更强壮！"

这就很具有讽刺意味了：自由基作为"挫折信号"之一，启动了让身体变得更强壮的变化过程；而抗氧化剂干扰了自由基行使这一功能。所以，不管健身网红是如何向你推销的，补充抗氧化剂其实是在抵消你的锻炼效果。

除体育运动之外，生物界中兴奋效应的例子还有很多。毫不夸张地说，纵观整个地球，兴奋效应都是叙写生命传奇时不可或缺的基本构成要素。毫无疑问，人类的祖先经受过一次又一次打击，包括惨绝人寰的大饥荒，足以压断脊梁的重体力活，中毒，赤手空拳与猛兽搏斗并设法死里逃生。生活总是充满挑战，正因如此，挑战逐渐变成了生活的必需品。

兴奋效应在自然界中无处不在，典型的例子之一是剧毒化学元素砷。砷被称为"毒药之王"，也叫作"王之毒药"。因为它容易获得，无臭无味，做谋杀之用是相当趁手的。因此，砷一直是世界各国野心勃勃的皇室成员和各种精神变态者的最爱。更不幸的是，近年来在一些地区，砷也成了饮用水污染物质。因此，科研人员试图研究这种毒素对动物有何影响。

科研人员给秀丽隐杆线虫注射大量砷，结果证实，砷是名副其实的剧毒物质。不过，如果给线虫施用一定量的低浓度砷，它们的寿命却会延长。同时，线虫对高温和其他毒物的抵御能力也增强了。这是什么道理？这当然是兴奋效应的功劳！虽然砷有剧毒，但是低剂量的砷作为一种压力源，可诱导线虫做出相应改变并提升抵抗能力。

其他研究人员还成功地用促氧化剂延长了线虫的寿命。促氧化剂的作用与抗氧化剂相反，能够促进氧化应激，导致细胞损伤。这就好比给瓷器店里的公牛喂了咖啡因片，再向它的背部猛拍一巴掌。研究人员在该项实验中发现，促进氧化应激的除草剂百草枯可以稳定地延长秀丽隐杆线虫的寿命；若同时为线虫提供抗氧化剂，百草枯的作用则会被中和，线虫的寿命也将回落至正常水平。

听起来很不可思议吧，"毒药之王"和强效除草剂竟然能够对生物体产生有益影响！不过，这就是生物学的世界。

显然，我们无法安排临床试验，要求人类受试者服用砷、除草剂或其他有害物质。不过，现实世界中能找到类似的平行实验，它们也体现兴奋效应的效果。

实例之一是 20 世纪 80 年代发生在中国台湾的一起事故。彼时，作为"亚洲四小龙"之一的台湾，经济发展正处于前所未有的繁荣时期。台北市大兴土木，到处是建筑工地。在这股建设热潮中，一些用作建筑材料的钢材被具有放射性的钴-60污染了。这些钢材被用来建造了1700多套公寓。直到20世纪90年代，才有人发现问题，但为时已晚。

据估计，在这些使用了放射性建材的公寓被拆毁之前，大约有10,000人曾居住其中。这些人每天都暴露在远高于正常剂量的辐射中。辐射会造成DNA损伤，继而引发癌症。按正常逻辑，遭到辐射的民众健康堪忧。然而，令医生困惑的是，调查这些居民的病历后发现，他们罹患各类癌症的比例甚至低于台湾老百姓的平均水平。

世界上其他地方也出现过类似现象。比如，在美国的造船厂，在核潜艇上工作的工人死亡率比普通工人低。就美国的普遍情况而言，生活在背景辐射高于正常水平的地区的居民，其平均寿命却相对较长。在医生群体中，经常暴露于电离辐射下的放射科医生比其他医生长寿，且患癌症的风险更低。

在此严正声明：我绝不建议你暴露在辐射之下或摄入任何毒素，那是拿生命开玩笑。我们不清楚什么水平的辐射或毒素才能刚好引起兴奋效应，但有一点是确定无疑的，一旦过量，你将面对巨大的痛苦和可怕的死亡。

兴奋效应与"剂量"息息相关。通过慢跑来磨炼身体比完全不运动更健康，但锻炼得过多同样对健康有害，我们称之为"过度训练"。这就好比树木暴露在风中会变得更强韧，但如果风力

过强，树就会被连根拔起或折成两段。只有合理控制压力源的
"度"，使其既能被身体感知到又不至于超出身体的承受能力，这
才是有益的。

另外也应注意：并不是所有的有害物质或给身体造成压力的
活动，都会引起兴奋效应。比如，无论以何种方式或力度用头撞
墙，都不会使人变得更聪明；又如，再怎样"合理"安排吸烟量，
都不会改善肺部功能。能够引起兴奋效应的压力源，通常是人类
在漫长的进化过程中已经在一定程度上学会应付的事物。

* * *

除锻炼外，引发兴奋效应的最佳切入点是食物。这可不是说
只要食用量适当，就能发现披萨和甜甜圈有隐藏的保健功能。绝
对不是！能提供兴奋效应压力源的食物是植物。

像所有生物一样，植物也尽力躲避被吃掉的命运，争取更大
的生存机会。不过，对无法移动的植物来说，躲开捕食者到底不
容易。既然不能逃走，唯一的出路就是抵抗。因此，有些植物进
化出了坚硬的外壳、令人生畏的长刺或蜇针。不过，大多数植物
还是选择用化学武器来对付敌人。我们人类自然也在植物的敌人
名单里。

作为现代人，我们要食用以植物为主的餐食很容易，但对石
器时代的古人来说，食用植物可得万分小心，必须懂行才行。有
这样或那样毒性的植物数也数不清。比如，野生杏仁含有人类

所知的毒性最大的化合物——氰化物，生腰果含有与毒藤一样的毒素（不用担心，你在超市能买到的腰果，其中的毒素已经被降解了）。

还有很多我们经常吃的、对人类安全的植物，对其他动物却是有毒的。比如巧克力等含可可成分的食品，猫狗吃了会中毒。还有一些植物，即使被吃掉，也没放弃抵抗。以菠萝为例：吃完菠萝，你的嘴和舌头会有一点刺痛吧？那是有原因的——菠萝的果肉中含有降解蛋白质的酶。平时，这些酶可以用来腌肉，让肉质更加鲜嫩，但如果它在你的嘴里发挥作用，就不那么令人愉快了。你食用菠萝后，菠萝果肉中的蛋白酶就开始试图"消化"你了——从口腔开始。好在人类的体型足够庞大，菠萝酶降解的那一点蛋白质不足为惧。不过，对体型较小的动物来说，菠萝酶就很可能致命了。

辣椒也是很好的例子。辣椒中含有一种叫作"辣椒素"的化合物。吃辣椒时，烧得嘴里火辣辣的就是它。一只哺乳动物将辣椒吃进嘴里，用牙齿将辣椒籽碾碎，辣椒素就释放出来了，动物会感受到口腔中强烈的灼烧感。之后，至少在短期内，这只动物就不会再吃辣椒了。鸟类吃到嘴里的辣椒籽没有被嚼碎，而是直接被吞进肚子，辣椒素就辣不到它们了。鸟类会将辣椒种子散播到很远的地方。这个播种体系进化得非常聪明。

在讨论植物对健康的益处时，人们往往忽视了植物因为不甘心坐以待毙而进化出的防御机制。尽管已经有充分的证据证明，多吃植物有益健康，但科学家还是要问：为什么会这样呢？原因当然是多方面的，但兴奋效应肯定是其中之一。例如，植物含有多酚化合物，长期以来这都被视为植物促进健康的主要原因之一。人们猜测，多酚一定是通过某种方式对人体发挥了有益作用。也许是通过抗氧化？事实上，许多多酚类物质对人类是有一点毒性的。它们能够通过引起兴奋效应，对人体产生积极影响。研究表明，人体对多酚的应对动作是试图中和或排出它。比如，多酚会引起 Nrf2 基因的过量表达，而这个基因控制了一系列细胞的防御机制。在人体遭到核辐射时，Nrf2 基因同样会过量表达。

作为激发兴奋效应的替代方案，摄入大量植物性饮食比吞服毒药安全有效多了。与其搬进有放射物污染的公寓，还不如去爬爬山。高海拔地区空气稀薄，大气对紫外线的削弱作用更弱，宇宙射线辐射水平也较高。这点我可以作证：我来自世界上低海拔

动物的兴奋效应

从氧化应激水平看，长寿的鸟类并不比短寿的鸟类承受的压力小，长寿的裸鼹鼠也不比它的短寿表亲小鼠轻松。总的来说，长寿的动物之所以活得久，不是因为它们享受了什么氧化逆境豁免，而是它们处理压力的能力比较强。无论是暴露于损伤 DNA 的有害化学物质中，还是缺氧、摄入重金属、极端高温，裸鼹鼠都比小鼠应对得更好。看起来，长寿的秘诀不是不过苦日子，而是尽量承受住苦难的冲击。

的国家之一，作为一个肤色偏白的人，我有生以来第一次被晒伤就是在海拔仅 5 千米的地方。

你可能已经猜到了：尽管有辐射和其他恶劣环境，或者恰恰是因为辐射和恶劣环境，高海拔地区的居民比平原人寿命更长，患老年病的概率也较低。这在奥地利、瑞士、希腊和美国加利福尼亚州都得到了证实。

相比平原地区，高海拔地区空气中的含氧量更低，这可能也是促进兴奋效应的有益因素之一。仅举一例来说明：在面对较强辐射和低氧水平时，人体细胞会产生一种叫作热激蛋白[1]的物质。顾名思义，热激蛋白最初被发现与高温相关。后来事实证明，它是更广泛的细胞防御机制中的一部分。如前所述，兴奋效应的影响非常深远。对一种压力源的抵御反应，通常也会增进对其他压力源的抵抗和耐受能力。

你可以将热激蛋白想象成危难时刻挺身而出、勇救其他蛋白的"超级英雄"。当细胞遭到某种压力源的损害时，许多蛋白质的结构会发生改变，进而出现功能异常。热激蛋白能够帮助这些蛋白质恢复结构和功能，使它们不至于沦为细胞垃圾。

有趣的是，热激蛋白的"热激"两个字，不仅用于动物、植物等实验对象，也是北欧桑拿文化的重要组分。在桑拿的故乡芬兰，有许多我们闻所未闻的桑拿研究。这些研究的结论通常将桑

---

[1]　热激蛋白（又称热击蛋白、热休克蛋白），是从细菌到哺乳动物等生物体中广泛存在的一类热应激蛋白质。当细胞受到高温或其他刺激时表达就会增加。除应激反应外，热激蛋白也参与其他多种生物学过程。——编者注

拿与促进健康联系起来，比如降低心脑血管疾病发病率、延长寿命、降血压等。热激蛋白可能就在这些过程中发挥了积极作用。不过，在此要给有生育计划的男士们一个小提醒：不要蒸太多桑拿。同理，也不要泡太久热水澡，或把笔记本电脑放在大腿上太长时间。

除了蒸桑拿"热激"，北欧文化的另一个重要组分是通过冬泳来"冷激"。事实上，热激和冷激通常是交替进行的一套整体操作——先蒸蒸桑拿，再泡泡冰水。人们对泡冷水的研究没有对蒸桑拿那样深入。不过不难想象，长远来看，"冷激"很可能也对健康有益。首先，它能激活体内一种叫作"棕色脂肪"的物质。棕色脂肪与普通脂肪作用方式相反，它不储存能量，反而燃烧能量，并在此过程中使身体变暖。有趣的是，有观察表明，许多长寿物种的棕色脂肪基础代谢活动较为活跃。不管是否有确凿的科学依据，反正我认识的彪悍的冬泳爱好者都信誓旦旦地保证，冬泳对健康大有裨益。他们觉得冬泳后身体更有活力，患病次数减少，整个人的状态都变好了。

第六章

体型很重要吗

1492 年是西班牙历史上具里程碑意义的年份之一，很多重大事件发生在这一年。新年第二天，西班牙大军攻陷伊斯兰政权格拉纳达埃米尔国，其统治者苏丹向信仰天主教的阿拉贡国王费尔南多二世和卡斯蒂利亚女王伊莎贝拉一世投降。这次投降结束了长达几个世纪的"收复失地运动"[1]，北方的天主教王国从穆斯林征服者手中夺回了家园。

在这场决定性战役结束两周后，费尔南多二世和伊莎贝拉一世会见了一位来自热那亚（今意大利境内）的商人克里斯托

---

[1] 收复失地运动（又称再征服运动），是公元 718~1492 年伊比利亚半岛的基督教诸国逐步驱逐南部穆斯林摩尔人的运动。——译者注

弗·哥伦布。多年来，哥伦布一直试图游说国王和女王支持他的提议：向西航行，找到一条通往亚洲的航线。作为对两位君主的资助和支持的回报，哥伦布承诺，这条新航线将为君主本人和他们的王国带来巨大的财富。

具体原因已经无从得知了，也许是胜利带来的乐观情绪，总之这一年，伊莎贝拉一世同意资助哥伦布。很快，三艘西班牙大船扬帆起航，向西穿越大西洋。经过漫长的航行，哥伦布的探险队抵达了美洲大陆，成为继维京人之后第一批踏足这片土地的欧洲人。

与此同时，在西班牙国内，费尔南多二世和伊莎贝拉一世也忙得不可开交。伊比利亚半岛已经历了几个世纪的宗教和领土冲突，他们希望新的西班牙王国能够统一信仰基督教。他们颁布了"阿兰布拉诏书"，给西班牙的犹太人下了最后通牒：要么皈依基督教，要么离开这个国家。一些人选择留在家园，放弃犹太教，皈依基督教，他们被特称为"转教者"。其他人选择了相反的道路，踏上寻找新家园的冒险之旅。

第二年，哥伦布一行人从美洲返程。他们起初以为自己到达了亚洲，但后来逐渐意识到他们踏足的是不为欧洲人所知的新大陆。

很快，西班牙就启动了向美洲新大陆的殖民。形形色色的西班牙人，农民、罪犯、牧师、士兵、妓女、贵族，以及举家出动的各式家庭，纷纷登上驶向新大陆的航船。移民中也有转教者，即皈依基督教的犹太人及其后裔。尽管皈依了基督教，但转教者在西班牙依然受到歧视。他们希望在新大陆寻获平等和自由。

＊ ＊ ＊

1958 年，以色列医生兹维·莱伦和同事对一组特殊的病人展开研究。这组病人都患有侏儒症，不过不是普通意义上的侏儒症：他们虽然也身材矮小，只有约 120 厘米高，但并没有侏儒症患者常见的身体比例异常。侏儒症患者通常四肢相对较短，头部和躯干比例较大，但莱伦的这些病人看起来更像是按比例缩小的正常人。

莱伦和同事们花了八年时间，经过认真研究，终于找出了这种新型侏儒症的病因，该病也因此被命名为"莱伦综合征"。原来，莱伦综合征患者之所以身材矮小，是因为他们携带一种与生长激素相关的基因突变。这种突变并不会导致生长激素本身的缺陷，事实上，莱伦综合征患者的血液中含有相当丰富的生长激素，而会致使患者体内生长激素的受体出现缺陷。也就是说，细胞中负责感知和应答生长激素的部分出现了异常。打个比方来讲：细胞就像是一座城堡，由一位强大但偏执的贵族统治着。贵族不允许外人随意进入城堡，来访者必须向城楼上的守军喊话，请他们通禀消息。正常情况下，守军听到喊话便会将来访者的口信传报给贵族，再依命令请来访者进入或离开。可是，如果守军有听力障碍，根本听不到喊话，那么无论来访者怎么高声呼叫，都是没有用的。结果就是，贵族永远不知道有人来访，也不知道他们来访的目的是什么，自然无法做出回应。

细胞对激素信号的感知，就类似城堡中等待守军回禀的贵族。莱伦综合征患者的细胞无法感知生长激素的信号，就像城堡中的贵族永远等不到耳聋的守军回禀来访者的口信。无论生长激素以多高的浓度在血液中涌动，都无法让有缺陷的生长激素受体感知到它们的存在，因此也无法诱导细胞的生长与增殖。

* * *

在西班牙人首次登陆美洲大陆 500 年后，厄瓜多尔一位刚毕业的医学院学生海梅·格瓦拉－阿吉雷试图解答他儿时的一个疑团：他成长过程中遇到过一些外形奇特的侏儒，他们为什么会长成那样，又有什么特别之处？有了新近获得的医学学位的加持，格瓦拉‐阿吉雷决定去找出问题的答案。

格瓦拉－阿吉雷回到家乡洛哈省寻找观察对象。洛哈省位于厄瓜多尔山区，交通不便。有些偏僻的村庄远在大山深处，得骑马才能到达。不过，辛苦总算没有白费，格瓦拉－阿吉雷找到了好几位与他童年记忆中一样的侏儒症患者。与他们的亲属相比，这些侏儒症患者就像是缩小版的健全人。

答案就是，这些侏儒是莱伦综合征患者。当时，人们还不知道他们与兹维·莱伦在以色列的患者是远亲。也就是说，厄瓜多尔的莱伦综合征患者是当初留在西班牙、随后移民美洲的犹太转教者的后代；莱伦在以色列的患者则是当初为了坚守信仰而离开西班牙、另寻家园的犹太人的后代。虽然在曲折的历史进程中，他们的祖先选择了不同的道路并最终使这两个群体分隔万里，但莱伦的发现又将他们拉回到一起。我们现在已经知道，当初有一位西班牙犹太人祖先携带有使生长激素受体异常的突变。他将这一突变传给后代，后代又将它逐渐散播开来。如果一个人从父亲或母亲中的一方继承了有缺陷的生长激素受体基因，而另一半受体基因仍是正常的，那么他只会比普通人矮几厘米，并不会患上莱伦综合征。但如果一个人从父母双方继承的生长激素受体基因都是有缺陷的，那么他完全不能合成正常的受体，生长激素无法起作用，他的身材将会异常矮小，也就是说，他是一名莱伦综合征患者。这也是莱伦综合征如今在以色列很罕见的原因——父母双方都是突变携带者并且都将缺陷基因遗传给同一个孩子的概率是很小的。在厄瓜多尔洛哈省的偏远山村，莱伦综合征患者相对较多，这是因为该地区与前文提到的阿米什族聚居区类似，都是相对封闭、与世隔绝的。最初只有一小群人来此定居，后来的人口增长也是这一小群人内部一代一代彼此通婚而达成的。

格瓦拉－阿吉雷幸运地找到了研究莱伦综合征的完美地区。不久，他便如愿以偿地有了重大发现：莱伦综合征患者几乎不会罹患癌症。在对这些患者进行研究的整个过程中，只出现过一例患癌样本。癌症的显著特征是肿瘤细胞的过度生长，所以，无法接收生长信号可以抑制癌症的说法听起来合情合理。但奇特的是，莱伦综合征患者患心脑血管疾病、老年痴呆症、糖尿病等其他与年龄相关疾病的概率也极低。他们甚至不会长痤疮！并且，这些数据还是在厄瓜多尔莱伦综合征患者们体重超标、经常食用过度加工食品的前提下得到的。也就是说，即使在生活习惯不健康的前提下，导致莱伦综合征的突变仍能保护其携带者免受老年病的困扰。

* * *

为进一步研究莱伦综合征，研究者培育出了生长激素受体异常的小鼠。像携带同种异常的人类一样，这些小鼠的体型也远小于平均尺寸，但身材比例正常。并且，与人类莱伦综合征患者类似，它们也格外健康。事实上，这些小鼠的寿命比正常小鼠长许多。在若干研究得到的数据中，患莱伦综合征的小鼠寿命比普通小鼠长 16%~55%。如果你还记得之前章节中提到的"体型 – 寿命成比例"假说，大概会觉得这不足为奇。虽然大型动物通常比小型动物寿命长，但同一物种中，最小的个体往往最长寿。患莱伦综合征的小鼠大概是体型最小的鼠了。另一种长寿小鼠是我们之前提到过的艾姆斯侏儒鼠。顾名思义，这种鼠体型也非常小。它们是鼠类长寿纪录保持者。艾姆斯侏儒鼠体型短小的原因与莱伦综合征小鼠类似：它们的脑垂体存在缺陷。脑垂体位于大脑下方，负责分泌生长激素。也就是说，艾姆斯侏儒鼠的体内根本不分泌生长激素。

那么，人类的情况又如何呢？如果同类中较小个体的寿命相对较长，这是否意味着高个子的人应该担忧了？人类长寿纪录的保持者是法国女士让娜·卡尔芒。她的第一个与众不同之处，就是她的年纪高达 122 岁零 164 天；第二个与众不同之处，则是她的身高只有 150 厘米。排在卡门特之后的长寿纪录第二名是美国女士萨拉·克瑙斯，她的身高是 140 厘米。名单再往后，是身高与卡尔芒相同的玛丽－路易丝·梅勒尔和身高 152 厘米的艾玛·莫拉诺。客观地讲，在这几位女士出生的年代，人们的身高普遍比现代矮。不过，即使与同时代的人相比，她们恐怕也是最不理想的篮球运动员人选。

将视野扩大到整个人口的层面，身高与寿命之间的关联依然存在。例如我们前面提到的，尽管北欧国家更富裕，但北欧人的寿命却比南欧人和东亚人短。从北欧人的身高比南欧人和东亚人高这一点上，也许可以找到对这种现象的合理解释。

另一个例子，是美国社会学家曾经研究过的所谓"西班牙裔悖论"，即西班牙裔美国人往往比美国白人长寿，但理论上来说，更富有、教育程度更高、肥胖率略低的美国白人"应该"更长寿才对。不过，西班牙裔美国人的平均身高较矮。

第三个例子是蓝色宝地。日本人的平均身高已经是发达国家中最矮的了，而蓝色宝地冲绳的居民平均身高在全日本各县中仍是垫底的。另一块蓝色宝地撒丁岛，则是全欧洲居民平均身高最矮的地区。撒丁岛男性居民的平均身高为 168 厘米，比意大利居民的平均身高矮好几厘米，比欧洲最高的人群矮几乎 15 厘米。目前我们已经清楚，撒丁岛人平均身高较矮是由遗传引起的。有趣的是，罪魁祸首之一就是导致莱伦综合征的突变，0.87% 的撒丁岛人携带这种导致生长激素受体异常的突变。尽管这一比率明显低于厄瓜多尔洛哈省居民，但在世界范围内，撒丁岛已经是该突变携带比率很高的地区之一了。

当然，这并不代表高个子注定早死、矮个子必然长寿。上面所说的不过是从概率上观察所得。事实上，有很多高大且健康长寿的人，也有很多矮小但短命的人。只是平均来看，体型和寿命之间存在着某种关联。这意味着，研究抵抗衰老和延长寿命者可以从"体型 – 寿命成比例"的规律中学到一些东西。

* * *

致人衰老的显然不是身高本身。压缩一个人，使其变矮，非但不会令他长寿，还很有可能适得其反。那么，是什么原因让矮个子比高个子活得更久呢？首先，高个子的人拥有更多细胞，这意味着潜在的会产生癌变的细胞更多，从而略微增加了罹患癌症的风险。不过，这远不足以解释"体型 – 寿命成比例"现象。也许，身高是人体对生长信号及其反应程度的一个指标：身材高大意味着该个体生长信号强烈，或者对生长信号的反应更敏感。

为了解开长寿的秘密，让我们以生长信号作为入口，一头扎进长寿抗衰之谜的"兔子洞"，探查一下事情的来龙去脉。正如我们在艾姆斯侏儒鼠身上所见，生长激素的分泌由大脑下方的脑垂体开始（尽管叫"生长激素"，但它实际上并不负责生长，至少没有直接负责）。之后，生长激素被运输到肝脏，并在肝脏中与其受体结合。二者结合后，肝脏分泌另外一种激素——胰岛素样生长因子-1（IGF-1）。IGF-1才是真正负责诱发生长的物质。也就是说，要治疗莱伦综合征，补充生长激素是没用的，但可以通过补充人工合成的IGF-1达到目的。

追踪到IGF-1这里，我们在"兔子洞"中前进了一步。IGF-1的功能可以在实验室模式生物身上得到验证。我们之前讨论过几种长寿侏儒鼠，它们体内的IGF-1水平都比较低；抑制秀丽隐杆线虫自身合成的IGF-1，则是延长其寿命极佳的方法之一。当然，人类莱伦综合征患者原本也可以提供一些佐证，但不幸的是，这些患者由于身材矮小，意外死亡率非常高，所以很难判断他们的寿命是否比普通人更长。不过，按常识推测，由于莱伦综合征患者很少患老年病，他们比普通人更长寿是极有可能的。

显然，并不是所有人都情愿牺牲身高来换取寿命。两者的取舍取决于一个人将哪方面当作优先项。但无论如何，阻断IGF-1仍是潜在可用的抗衰老手段之一。老年病大多发生在生命的后期，此时身体的生长已经完成了，所以，只在老年时期阻断IGF-1既不会影响身体的发育，又会降低罹患癌症等老年病的风险，甚至可能会延长寿命。

具有讽刺意味的是，自20世纪80年代以来，人们一直认为生长激素以及由它诱导合成的IGF-1具有抗衰老功能。从发现之日起，生长激素就是广受健美运动员欢迎的"补充剂"，因为它能促进肌肉生长。一些年长的健美运动员还发现，它的作用远不止于此。注射生长激素令他们感到充满青春活力，迸发出新的力量。使用生长素来抗衰老的想法因此应运而生。

在出言谴责之前，请记住，感觉年轻和精力充沛本身就是很有价值的。除此之外，生长激素的拥趸在另一点上是对的：生长激素及其诱导产生的 IGF-1 无疑有很多积极的作用。在抵抗衰老方面，它们能够促进肌肉和骨骼发育，这在老年时期是十分有益的。当然，在现实世界中，长成亚当王子希曼那样肌肉发达的样子是不健康的，但在老年时期，保持肌肉和骨骼的力量非常重要。另外，随着年龄的增长，人体免疫系统往往会功能减弱、缺乏活力，难以抵抗感染和癌症。而 IGF-1 对免疫系统有激发促进作用，这也是我们想要的。

显然，在人体现实环境中，IGF-1 不能跟"坏分子"划等号，事情要比这复杂得多。难题在于，IGF-1 是具有多重功能的通用激素之一。人体非常热衷于重复利用各种物质。例如，催产素在促进人际关系方面发挥作用，同时也在医疗实践中用来诱导分娩，因为它能够促进子宫收缩。

我们必须将 IGF-1 的众多功能区分开来，找出其中哪些与促进衰老相关。一些科研人员巧妙地利用秀丽隐杆线虫设计了一项实验。他们发现，只有阻断线虫神经系统中的 IGF-1，才会对抗衰老有帮助。如果阻断肌肉组织中的 IGF-1，线虫会比正常情况下更早死亡。这项实验证明，广泛阻断 IGF-1 并非良方。也许在将来，研究者能够找到一种疗法，在正确的时间、正确的地点阻断 IGF-1，以达到延缓衰老的目的。但鉴于 IGF-1 是一种复杂的混合型信号分子，要设计这种实验是很难的。也许，我们该沿着探究长寿抗衰之谜的"兔子洞"继续深入。

第七章

Chapter 7

The
Secrets
of
Easter
Island

复活节岛的秘密

　　想象你站在一座偏远的小岛上，眺望大海。脚下，海浪有节奏地拍打着岩石。转过身，映入眼帘的是嶙峋的岩石和零星的草丛，一片金灿灿的景象。这里没有树木，最引人瞩目的是高耸的巨大石像，它们像护卫一般守望着这座岛屿和居住于此的人们。

　　显而易见，小岛与世隔绝。极目远眺，周围都是太平洋茫茫的波涛。距此最近的有人居住的岛屿在 2000 千米之外，大陆就更遥远了。这座小岛，就是有着 8000 名居民的复活节岛。无论怎么看，远离尘嚣的复活节岛都不太像我们要找的地方，这里没有大学和生物医学实验室，当地为数不多的科学家的研究兴趣也主要围绕着摩艾石像。据神话记载，这些巨大的石像拥有超自然力量，可以帮助人们实现任何愿望。也许，曾经有人向它们祈求过长生吧？毕竟长生的一个要素就藏在复活节岛的土壤里。

这个秘密得以公诸于世，归功于一支加拿大探险队在 20 世纪 60 年代的一次考察。他们来到遥远的复活节岛，对岛上的土壤进行了取样分析。为什么复活节岛的土壤引起了这些加拿大人的兴趣？这是因为他们观察到一个有趣的现象：岛上的居民都赤脚走路，却从未得过破伤风。破伤风是由破伤风梭菌感染皮肤上较深的伤口引起的，比如踩到尖锐物形成的扎伤或较深的割伤。破伤风梭菌释放的毒素进入血液循环系统，使全身肌肉收缩痉挛，给患者造成极大的痛苦，甚至导致死亡。

加拿大研究人员经过分析发现，复活节岛的土壤中根本就没有破伤风梭菌。那么，当地没人患上破伤风就不足为奇了。实验结束。通常在实验过后，剩余的土样很可能被随手丢掉，或塞到大学实验楼某个阴暗角落的冰箱深处，再没人想起。幸运的是，这些土样有着不一样的命运。它们最终来到了艾尔斯特制药公司的实验室。在这里，复活节岛土壤中隐藏的真正秘密被揭开了：它含有一种叫作吸水链霉菌的细菌，这种细菌能够合成并分泌独特的分子化合物雷帕霉素。"雷帕霉素"一名源自复活节岛的土著语名字"拉帕努伊"。

长期以来，吸水链霉菌都将雷帕霉素用作抵抗真菌的武器。雷帕霉素能够特异性阻断或抑制真菌中一种叫作"mTOR"的蛋白质复合体。遗憾的是，mTOR 并不是以雷神的名字 God of Thunder 命名的，它只是"mechanistic target of rapamycin"（雷帕霉素靶蛋白）的缩写而已。虽然名字毫无特色，但 mTOR 的作用可不容小觑：它是调控细胞生长的中央指挥官。吸水链霉菌能够分泌雷帕霉素，相当于掌握了一件任其支配的强大武器。它利用这件武器抑制真菌的生长，从而使自身在资源争夺中占据优势。

虽然人类看起来跟真菌毫无相似之处，但实际上我们是远亲。这意味着，人类与真菌有很多功能、结构相似的蛋白质，其中就包括 mTOR。它也是我们在长寿抗衰"兔子洞"中即将抵达的下一站。回顾一下："兔子洞"的第一站是生长激素，抑制它可以延长寿命；第二站是 IGF-1，恰当地抑制它同样有延长寿命的效果；现在，跟随生长调节信号通路，我们到达了第三站，mTOR。当 IGF-1 与受体结合时，产生的主要影响之一就是激活 mTOR 复合物。mTOR 的功能一旦被唤醒，便会启动细胞中许多与生长相关的进程，例如合成新的蛋白质、吸收营养物质等。虽然人类的mTOR 与真菌的不完全相同，但雷帕霉素仍然可以通过相同的方式发挥作用。你大概已经猜到科学家们接下来要做什么了：他们给实验动物服用雷帕霉素，阻断动物体内 mTOR 的功能，从而抑制细胞的生长。得出的结果是，实验动物的寿命延长了。服用雷帕霉素的小鼠，寿命延长了 20%。对单一使用的药物来说，这种延寿效果已经相当惊人了。假设对照人类来看，以我为例，20%的差异相当于一个我在幼儿园时就死去了，而另一个我可以活到写完这本书。

* * *

雷帕霉素已经被批准作为药物施用于人类了，不过不是用来抗衰老，而是用于另一种完全不同的用途。艾斯特制药公司的研究人员对雷帕霉素具有抗衰老的效果一无所知，但他们发现它可以在器官移植过程中发挥作用。在高剂量使用时，雷帕霉素可以抑制免疫系统的活力，因此有利于降低免疫细胞将新器官识别为外来物的概率。也就是说，雷帕霉素可以协助避免免疫细胞攻击新器官，以及攻击导致的严重排异反应甚至死亡。

即使与我们的初衷不同，雷帕霉素已应用于临床这一事实仍是好消息。这意味着，我们有充足的数据证明雷帕霉素是安全的，它没有疯狂的副作用，比如造成脑损伤或爆炸之类。话虽如此，雷帕霉素在器官移植时所施用的剂量对人体仍是极大的考验，不太可能有好处。在使用高剂量的雷帕霉素后，接受器官移植的病人受感染的风险大大增加。并且，由于免疫系统被束住了手脚，一旦有感染发生，情况往往会变得非常严重。如果以延长寿命为目的，那么削弱免疫系统显然只会适得其反。

不过，低剂量的雷帕霉素仍有研究价值。实验表明，低剂量的雷帕霉素甚至可以改善免疫功能。这可能是兴奋效应的功劳。我们目前还不能确定，低剂量的雷帕霉素是否确实能够延长人类的寿命，但一些生物公司和科研团体目前正试图用各种方法寻找答案。他们中的大多数在尝试以某种方式优化雷帕霉素，例如增强药效、优化剂量、减少副作用等，其终极目标都是将雷帕霉素开发为第一种可被广泛使用的抗衰老药物。这些研究能否有回报，时间会带给我们答案。除了制药公司和科研团体，还有一些人把自己当作实验对象，用雷帕霉素做不同的尝试，以期产生抗衰老的效果。这些自我实验者在互联网上给出了很积极的反馈。但话说回来，如果效果不好，大概也没机会传到我们的耳朵里。雷帕霉素其实更像是"万福玛利亚传球"，即美式橄榄球终场前漫长而危险的最后一分钟传球，只适合在最绝望的情况下孤注一掷。如果尚未沦落到那种境地，我们还是应该沿着"兔子洞"继续探索下去。

狗也该长寿

狗是人类最好的朋友，可惜它们的寿命并不长。如果人类试图延长自己的寿命，为什么不把爱犬的寿命也一并延长呢？研究如何延长狗的寿命，也是相应的人类研究的良好借鉴和过渡。毕竟，无论从花销还是开展难度上考虑，建构动物实验都比做人类实验容易得多。也就是说，我们可以一箭双雕——既帮助狗活得更久，又为延长人类寿命提供宝贵的经验。

比如，在一项以狗为样本的研究中，科学家们给 40 只家养宠物狗服用雷帕霉素。到目前为止，效果良好。与实验开始时相比，这些宠物狗的心脏功能得到了改善。它们的寿命是否会延长呢？让我们拭目以待。

Chapter 8

The
One
to
Unite
Them
All

第八章
终极调节者

　　2016 年的诺贝尔医学奖授予了日本生物学家大隅良典。他的贡献是发现了细胞的自噬机制。自噬，即"autophagy"，由表示"自体"的 auto 和表示"食用、吞噬"的 phagy 组合而成。虽然听起来像是某种可怕的疾病，但实际上自噬是维持机体健康的重要机制。当细胞进行"自体吞噬"时，它们并不是随随便便就把自己吃掉，而是专门针对细胞受损的部位，无论这个部位是单个分子，还是一整个细胞"器官"，即"细胞器"。

　　我们可以将自噬机制看作细胞的垃圾回收系统。细胞用垃圾袋似的小型气泡状结构来吞噬受损分子或细胞器。之后，"垃圾袋"被转运到一种叫作"溶酶体"的特殊细胞器中。溶酶体类似垃圾回收站，其中含有各种降解酶。降解酶将"垃圾"降解成"建筑原料"。随后，"建筑原料"被运出溶酶体，供细胞合成新分子之用。

细胞的自噬机制，就是长寿抗衰"兔子洞"的最后一站。负责垃圾回收的自噬系统将我们前面所讨论的所有物质归结到一起，可谓是细胞抗衰老的"终极调节者"。脑垂体分泌生长激素，生长激素在肝脏中启动 IGF-1 的合成，IGF-1 又激活了 mTOR。mTOR功能众多，其中很大一部分都与维持健康相关，但最显而易见的功能是调控细胞的自噬系统。具体来说，当 mTOR 处于活跃状态时，细胞的自噬活动被抑制。相应地，所有与 mTOR 激活相关的激素都间接地起到了抑制自噬活动的作用。因此，当雷帕霉素阻断 mTOR 的功能时，本质上，它是阻断了细胞自噬的阻断剂。这听起来有些拗口。简单地说，对所有生长信号的阻断，包括生长激素、IGF-1、mTOR，最终效果都是为细胞的自噬系统松开了手脚。换句话说，在细胞自噬系统的功能得以充分施展时，机体的寿命将会延长；反之，寿命将会缩短。看起来，我们真的摸到"兔子洞"的洞底了：利用雷帕霉素来延缓衰老，关键是要找到一个平衡点，确保它增强细胞自噬系统的活跃度，而非抑制。

除了与上述细胞生长信号相关联，自噬系统还是兴奋效应的重要组成部分。在之前的章节中，我们曾经讨论过：虽然从长远来看，体育锻炼是有益健康的，但是从短期的机体反应来讲，这些挑战身体的行为产生的直接效果是有害的。也就是说，促进健康的并不是锻炼本身，而是它引发的后续变化。例如，人体在跑步之后会比跑步之前虚弱，还会产生更多"瓷器店公牛"自由基，使细胞处于氧化应激状态。锻炼之所以对身体造成低程度损害后反倒使人变得更健康，是因为细胞能够修复损伤，并做出相应改善，即兴奋效应。所以，兴奋效应的第一步其实是自噬——回收处理细胞受损的部分。自噬是兴奋效应顺利发生的关键；自噬这一步行不通，兴奋效应后续的各个步骤便无从谈起，也就无法达到延缓衰老、延长寿命的目的了。

自噬系统如此重要，可惜随着年龄的增长，细胞的自噬活动会逐渐衰减。我们尚不清楚其中的原理，但已经确知这一"垃圾回收系统"会随着时间的推移而越来越严重地消极怠工，直至无法胜任它的工作。这也是机体衰老时，细胞中逐渐累积老旧失能的蛋白质的原因之一。人们一度以为，衰老的细胞装满"垃圾"是因为它们对损害更敏感，反应更强烈。但实际上，还有另一个至少同等重要的原因，就是衰老细胞移除垃圾的功能减弱了。那么，加强细胞的自噬功能对延长寿命有帮助吗？以小鼠为样本的研究表明，的确是有帮助的。当科学家人为地增强小鼠细胞的自噬活动时，小鼠变得更强壮、更苗条，寿命也更长。相反，抑制小鼠细胞的自噬系统，受损分子就会迅速在细胞中堆积，小鼠也会变得虚弱和多病（科学家至今无法培育出自噬活动完全停止的小鼠——因为这种小鼠，在出生前就已经死亡了）。

在我的家乡哥本哈根，当夏天来临时，本地人口似乎是平时的三倍。如果你也住在冬季黑暗寒冷的地方，或许就会理解夏季阳光对哥本哈根人的诱惑了。哥本哈根人大多喜欢日光浴，有些人甚至将夏天当成一个长达数月的完美小麦色皮肤美黑疗程。

勇猛的裸鼹鼠

重金属、极端高温和某些化学品都可能对 DNA 造成损伤。在面对这些损伤的压力时，裸鼹鼠的应对能力比它的近亲小鼠高强得多，其细胞的自噬活动也明显比小鼠细胞活跃。除了自噬机制，细胞中还存在另外一套垃圾处理系统，即专门用来降解受损蛋白质的蛋白酶体系统。裸鼹鼠的蛋白酶体系统活性也比小鼠的高。另一种寿命较长的小型动物蝙蝠，它的自噬活跃度会随着年龄的增长而上升。也许正是因为拥有更加高效的细胞自噬系统，裸鼹鼠和蝙蝠才比体型类似的其他哺乳动物更长寿。

享受日光浴时，人体发生的实际情况是：皮肤细胞暴露在紫外线辐射中，遭到损害。细胞随即启动一连串信号，发生一系列反应，最终合成用于自我保护的黑色素。

适量的日光浴不会造成健康问题，甚至会引起兴奋效应，对身体有益。但是，过度曝晒会大大增加罹患皮肤癌的风险，并使表皮产生大量皱纹。假如不必冒着患皮肤癌和变成多皱"葡萄干"的风险，就能得到小麦色的皮肤，岂不省事得多？

想要不晒而黑，一个巧妙的方法就是：找到一种途径，在没有紫外线照射的情况下启动细胞内应对紫外线损伤的信号。也就是说，制造一个假信号，骗细胞合成黑色素。如果假信号做得足够逼真，细胞会误以为真的发生了紫外线损伤，继而积极合成黑色素。科学家已经在实验室中证实了这个方法的可行性。他们成功地使用一种特殊分子作为虚假信号，启动了小鼠和人类皮肤样本的黑色素合成。将来，防晒霜也许不仅可以防晒伤，还可以让你不必在日光下曝晒几个小时，就能得到健康的肤色。

对细胞的自噬系统，也许可以采取同样的策略。目前，我们用来激活细胞自噬的最有效方法是阻断各种生长信号和引发兴奋效应，但这两种方法都有潜在的副作用。并且，即使运用了这两种手段，也不能阻止自噬系统本身随着年龄增长而老化。我们需要另一种方法，向自噬系统下达"去清理垃圾"的命令。或许我们甚至可以找到一种对策，使细胞的自噬活动随着年龄的增长而增强。

好消息是，虽然有待在人体中证实，但自噬系统促进剂的第一个候选者已经找到了！这种化合物可以稳定地增强细胞自噬。研究者将它添加到小鼠的饮用水中，小鼠的寿命延长了。即使直到小鼠生命周期的后段才开始使用，该化合物依然能起到延寿的效果。这种化合物就是"亚精胺"。你也许已经从它的名字中猜出来了：亚精胺最初是从精子中提取的。当然，不必担心，亚精胺还有其他来源。

首先，人类细胞本身就能合成亚精胺以及与之相似的化合物。不过，与自噬的活跃度一样，我们自身亚精胺的产量也是随年龄增加而递减的。目前，研究者还没有找到逆转这种衰减的办法。

其次，某些肠道细菌也会产生亚精胺。可惜的是，我们也不知道如何去控制这些细菌的亚精胺合成量。并且，肠道中还有降解亚精胺的其他细菌。整个肠道菌群太复杂了，以目前的认知水平，最好不要乱来。

幸运的是，还有第三种选择——饮食。研究表明，增加饮食中亚精胺的摄入量，可以降低死亡风险。亚精胺存在于许多食材中，通过调节饮食增加亚精胺的摄入量相对容易得多。最富含亚精胺的食材是小麦胚芽。亚精胺不能被制成补充剂服用，所以那些标有"亚精胺补充剂"的保健品，实际上不过是富含亚精胺的小麦胚芽而已。此外，黄豆、某些蘑菇、葵花籽、玉米、花椰菜中的亚精胺含量也比较高。如果你口味重一些，还可以挑战一下鳗鱼肝、赤豆和榴莲。

第九章

高中生物课的「老生常谈」

十多亿年以前，在某个热水坑中，一个细菌被一个细胞吞噬了。这个细胞就是我们人类的一位先祖。事情究竟是如何发生的，我们不得而知。也许细胞只是想把细菌当作一顿便餐，又或者细菌才是攻击者——它是正在寻找新宿主的寄生者。无论如何，细菌最终进入了细胞体内，并留存了很长时间。事实上，它们的后代仍是你我的一部分。

虽然细菌和人类先祖细胞是两个不同的物种，但经过数百万年的进化，两者早已融合为一体，再无法分开。

这个细菌的后代被我们称作"线粒体"，它是人体细胞重要的组成部分。如果现在查看你的细胞，会发现其内部有几个到几千个线粒体。这些线粒体仍然保留着旧时细菌的一些特征——它们的形状、结构，甚至行为模式都与细菌类似。比如，线粒体增殖的方式与细菌一样，是通过分裂。不过，话虽如此，线粒体已经无法与细胞分开了。它必须作为细胞器，与细胞其他组分紧密结合在一起。也就是说，线粒体无法再独立生存，必须以细胞组分的形式存在。经过数百万年的进化，线粒体中的绝大部分遗传信息已经转移到细胞核内，整合到细胞的 DNA 中了，只有一小部分仍留在线粒体中，提醒我们它曾经是一个独立的个体。

* * *

说到线粒体的功能，你大概耳熟能详。这得归功于高中生物课上那句老生常谈："线粒体是细胞的发电厂。"虽然很多人念书时并不情愿记住这个知识点，但线粒体确实是重要的细胞器之一。细胞的重要任务是从摄入的食物中获取能量，再将能量用于机体的各项活动。线粒体负责的就是任务的后半部分——为机体活动提供能量。因此，各种细胞中线粒体的数量因功能而异。肌肉细胞，特别是心肌细胞，消耗大量能量，因而拥有数目庞大的线粒体；其他类型的细胞，比如皮肤细胞，主要任务就是待着不动，所以线粒体数目很少。

用发电厂来比喻线粒体是最贴切的。你对本地电厂的期望几乎都可以套用在线粒体上：安全，可靠，对环境造成的影响越小越好。进化确保了线粒体的高度优化，使其足以胜任它的工作。但是，与细胞中的大部分组分一样，线粒体也会受到衰老的侵袭。

就像很多当年闪亮簇新的新电厂多年后变得老旧一样，随着年龄增长，机体会失去一些线粒体，留下来的也往往运转失灵。

线粒体功能的衰退自然会带来麻烦，因为一切细胞活动都需要它们来提供能量。研究表明，实验室模式生物的线粒体功能失调会加速机体衰老。在人体中，我们也观察到了类似现象。例如：随着年龄增长，肌肉力量逐渐减弱，线粒体丧失正是造成这种现象的原因之一。那么，我们怎么才能让细胞"发电厂"始终维持正常运转呢？

答案涉及几个我们耳熟能详的词汇。线粒体与体内其他系统一样，可以被一些小挑战引发兴奋效应，变得更强。挑战线粒体的主要方法是加大能量消耗，尤其是急速消耗。我首先想到的是两种方式：第一是运动，特别是高强度运动；第二是挨冻，比如冬泳。

线粒体应对挑战的方法之一，是"线粒体生物发生"（也称线粒体生物合成），即线粒体通过分裂的方式增加个体数量。线粒体生物发生抵消了细胞在衰老过程中损失的线粒体，是对身体非常有益的。事实上，保持足够的运动量，可以完全避免年龄增长造成的线粒体损失。

线粒体兴奋效应的另一个结果是其自噬更加活跃。线粒体的自我吞噬还有一个专门的名称：线粒体自噬。线粒体自噬是细胞自噬系统最重要的组成部分，它确保了老旧和功能失调的线粒体被定期清除。亚精胺等自噬系统促进剂对线粒体也有非常大的影响。当研究人员给小鼠施用亚精胺时，其延长寿命的效果主要是

大自然热衷一物多用

虽然线粒体的主要功能是充当细胞的"发电厂"，但大自然最热衷一物多用。不知出于什么考虑，线粒体还有一些跟能量供应不太沾边的功能。举个例子：细胞凋亡（即细胞程序性的主动死亡）的触发器就在线粒体上。此外，线粒体还参与免疫系统的活动——既参与杀灭抗原，也参与调控免疫活动的信号通路。

通过线粒体自噬，特别是心肌细胞中的线粒体自噬来实现的。亚精胺疗法促进了小鼠心脏的健康，确保其有充分且清洁的能源供应。这一点相当重要，因为心脏必须持续跳动。研究表明，补充亚精胺不仅能够促进小鼠的心脏健康，富含亚精胺的饮食也能降低人类患心脑血管疾病的概率。

科学家们还发现了一种叫作尿石素 A 的化合物，它也可以促进线粒体自噬。缺乏体育锻炼的高龄人群服用尿石素 A 后，其肌肉细胞中线粒体自噬的活跃度提升了。小鼠也一样，尿石素 A 提高了它们的肌肉耐力。研究表明，尿石素 A 不仅促进线粒体自噬，还能像体育锻炼一样刺激线粒体生物发生。

可惜，尿石素 A 并不存在于天然食物中，至少目前还没有发现。不过，石榴、核桃、覆盆子中含有尿石素 A 的前体——一种叫作鞣花单宁的多酚类物质。某些肠道细菌可以将鞣花单宁转化为尿石素 A，但并不是所有人的肠道中都有这些细菌。无论如何，多吃石榴、核桃、覆盆子终归没有坏处。

Chapter　10

Adventures
in
Immortality

第十章

寻求长生的
探险之旅

1951 年冬天，31 岁的亨丽埃塔·拉克斯到位于美国马里兰州巴尔的摩的约翰·霍普金斯医院就医。拉克斯说，她的子宫颈上似乎有个疙瘩，很可能又怀孕了。然而，医生发现了一个明显的病变——她得了癌症。1951 年末，癌细胞扩散到拉克斯的全身，结束了她的生命。

亨丽埃塔·拉克斯在世时，医生对她的病灶进行了活检，并将取出的癌细胞在实验室中培养，以备研究之用。通常，在实验室中培养人体细胞是非常困难的。人体细胞不喜欢在培养基中生长，往往很快就死掉了。但亨丽埃塔·拉克斯的癌细胞不一样，它们能够茁壮生长。医生们眼见这些细胞日复一日欣欣向荣地增长分裂，感到十分困惑。

直到亨丽埃塔·拉克斯去世，她的癌细胞仍在实验室中活力十足。作为第一个可在实验室中培养的人类细胞系，拉克斯的癌细胞在科学界引起了轰动。最初培养这些细胞的科学家们慷慨地将它们分享给同行，却从未征求过亨丽埃塔·拉克斯本人或其家人的同意。道德层面的问题这里不做讨论，留给大家判断；但50多年后，约翰·霍普金斯医院发表了道歉声明。

值得一提的是，亨丽埃塔·拉克斯的细胞直到今天仍存活在实验室中。这个被称为"海拉"[1]的细胞系实现了永生，且因为当初的无偿分享，它如今已遍布全世界。在亨丽埃塔·拉克斯过世几年后，乔纳斯·索尔克利用海拉细胞系开发出了预防脊髓灰质炎的疫苗。自此之后，海拉细胞系无数次地应用于癌症、病毒学及基础生物医学研究。

*　*　*

鞋带的末端通常包裹着一小块塑料或金属，其作用是确保鞋带不破损。我猜你从来没想过这个东西叫什么。它们的名字是"小金属箍"。这个话题听起来跟抗衰老研究毫不相干，但事实上，人类的细胞与鞋带制造商面临着同样的问题。在细胞中，DNA缠绕形成长线状结构——染色体。染色体的末端和鞋带末端一样，

---

[1]　海拉的英文为Hela，是亨丽埃塔·拉克斯（Henrietta Lacks）姓名前两个字母的组合。——译者注

也有可能发生缺损，细胞也同样用一种类似小金属箍的结构来解决这个问题，这个结构就是"端粒"。与 DNA 的其余部分一样，端粒的基本组成单位是核苷酸，不同的是，端粒不包含任何重要遗传信息。端粒部位没有基因，只是由相同的重复序列构成。这是一种非常巧妙的解决方式——即使端粒末端缺损一些，短期内也不会对细胞造成任何伤害。但从长期来看，端粒其实是决定细胞寿命的基石。

我们曾经认为，尽管生物作为一个整体会衰老和死亡，但构成它的细胞可以长生不老。后来，一位名叫伦纳德·海弗里克的科学家证实：正常的人类细胞在分裂一定次数后也会死亡。这种现象被命名为"海弗里克极限"，其成因就与端粒有关。人类出生时，端粒大约由 11,000 个核苷酸组成。细胞每分裂一次，端粒都会变短一点。在没有威胁到携带遗传信息的 DNA 之前，端粒变短并不会对细胞造成什么影响；一旦有用的遗传信息受到威胁，细胞就会紧急制动，停止分裂。

如此一来，端粒的损耗就成了细胞无法长生的原因。即使我们通过某种方式使细胞在达到海弗里克极限后继续分裂，端粒也会完全消失，携带遗传信息的 DNA 将遭到破坏，最终导致细胞死亡。

不过，至少还有一种办法可以解决这个问题——延长端粒，抵消损耗。实际上，有些细胞也的确是这样做的。人体内有一种酶，叫作"端粒酶"。端粒酶的作用是制造并延长端粒。可以将它想象成一部小的分子机器，在染色体末端制造端粒。在人类发育的最初阶段，细胞在短时间内大量分裂，机体由一个细胞增长到数十亿个细胞。端粒酶在这一过程中发挥了重要作用，确保端粒不会在生命未开始之前就被耗尽。不过，在发育完成后不久，绝大多数细胞就关闭了端粒酶基因的表达，使自己失去无限分裂的能力。

＊　＊　＊

端粒酶就是亨丽埃塔·拉克斯的癌细胞不断分裂的原因。拉克斯的癌症由人类乳突病毒 HPV-18 引起，世界上绝大多数宫颈癌都是由该病毒感染所导致的。HPV-18 感染拉克斯后，激活了其细胞中端粒酶基因的表达。也就是说，该病毒启动了细胞延长端粒的功能，从而使细胞能够不断分裂，而没有耗尽端粒的危险。病毒的这种行为有利于癌症的扩散。阻断海拉细胞中端粒酶基因的表达，细胞就会失去无限分裂的能力，与它们癌变前的祖先一样，在达到海弗里克极限后死亡。

让我们消化一下这个事实：实际上，我们已经知道了如何令细胞长生不老！而你我都是由许多细胞组成的——准确地说，是37 兆个细胞。那么，细胞长生不老与机体不死是一回事吗？如果答案是肯定的，那么延长寿命的方法就是使端粒不变短。研究人员在小鼠身上试验了这种方法。他们培育出拥有超长端粒的小鼠，并发现它们比正常小鼠身材更苗条、新陈代谢更健康、衰老速度更缓慢，最重要的是，寿命更长。

人类也表现出了类似迹象：先天携带导致端粒损耗过快突变的个体，会出现早衰的症状。即使在正常长度范围内的端粒，其长短也与个体衰老速度相关。像所有性状一样，端粒在个体间也存在一定差异——有些人的端粒相对较长，还有些人端粒损耗的速度始终较慢。在丹麦进行的一项研究中，科研人员搜集了65,000个样本的相关数据，结果发现：端粒较短的人死亡率相对较高，患心脑血管疾病、阿尔茨海默病等老年病的概率也较高。

那么，我们努力的方向应该是延长端粒吗？科学家还没有正式进行过相关研究，但在学术界之外，有一些人做了尝试。

* * *

2015年，一位名叫莉兹·帕里什的美国妇女前往哥伦比亚，希望掀起一场延长人类寿命的革命。她不是科学狂人，也不是古怪富豪，从很多方面看，她只是一位普通的郊区中产妈妈。

在从事干细胞宣传工作时，帕里什了解到端粒酶的巨大潜力。科学家们向她展示了年纪相仿的两种小鼠：拥有超长端粒的小鼠活力四射、行动自如；普通小鼠老态龙钟，暮气沉沉地蹲在角落里。

帕里什梦想将这一永葆青春的"魔法"应用在人类身上，但得知操作起来难度极大。科学家们曾经尝试开发一种药物来激活端粒酶，但事实证明开发过程困难重重。于是，帕里什选择了"基因疗法"。基因疗法是一项新的医学发明，方法是在人体细胞中添加一个额外的基因，就好比给细胞添加一个备用零件。就帕里什而言，添加的基因将是一个额外的端粒酶基因，且该基因是处于激活状态下的。

帕里什选择去哥伦比亚接受基因疗法，这并非因为哥伦比亚人特别急切地想要延长他们的端粒，她只是为了规避美国食品药品管理局（FDA）的监管。虽然帕里什自告奋勇成为第一个被试者，但在美国及其他大多数发达国家，这种人体医学实验是被明令禁止的。即使受试者一厢情愿相信基因疗法有帮助，自愿接受治疗，也不允许。

因此，帕里什飞赴哥伦比亚，在当地找了一家愿意配合她的诊所。在科学方面提供帮助的合作者首先测量了帕里什的端粒，以便之后评估治疗效果。结果显示，帕里什的端粒比同龄女性的均值要短很多。因此，就此项试验而言，她算是不错的受试者。

帕里什随即接受了基因疗法。在对潜在的急性副作用观察一段时间后，她返回了美国。第二年，验收结果的时候到了。合作者们再次测量了帕里什的端粒，得出的数据是积极的——帕里什身上端粒的长度的确增加了。莉兹·帕里什成为第一位成功延长端粒的人。

* * *

莉兹·帕里什的自我试验在科学界引起轩然大波。支持者认为，她的尝试为其他人提供了宝贵的数据；反对者则认为，整个试验是鲁莽且危险的，并可能在社会中起到不良示范作用。帕里什曾这样为她的立场和行为辩护："若要使美国政府批准使用基因疗法，我需要筹集近十亿美元资金，且其测试期可能长达 15 年。放眼望去，我发现有些人并不想等待 15 年。"

不过，在争论端粒基因疗法是否安全之前，让我们退一步看：就算基因疗法能够使端粒延长，但它真的值得去尝试吗？前文已经提到，人类的细胞是拥有端粒酶基因的，只不过在生命早期，细胞便将该基因永久关闭了。如果长寿的秘诀是端粒酶，为什么细胞不持续合成并使用它呢？

原因就是，端粒酶是一把双刃剑。从亨丽埃塔·拉克斯的故事中，你也许可以猜到端倪。端粒酶的确可以使细胞长生不老，比如海拉细胞系，但细胞的长生不老又给拉克斯带来了什么后果呢？这就是问题所在：端粒酶基因在癌症的形成中起着至关重要的作用。人类的癌症中，80%~90% 都以某种方式激活了细胞内端粒酶基因的表达，使细胞癌变。即使没有直接激活端粒酶基因，癌细胞往往也会通过其他方式来延长自身的端粒。这对癌细胞来说是必须的——如果端粒不持续延长，它们将会像正常细胞一样有序死亡。

客观地讲，帕里什等人倡导端粒延长疗法的目的并不是让细胞永生，他们只是希望短暂地激活端粒酶，使其恰好能够将端粒延长一些，又不至于诱导细胞癌变。不过，这两种变化能否分开目前尚不清楚。研究显示，端粒长于平均水平的人，罹患癌症的风险更高。所以，人为操控端粒长短是冒险的举动。随着人类抗癌技术的不断精进，也许操控端粒有一天值得赌一赌，但以目前的水平，最好还是不要轻举妄动。也许大自然已经在抗衰和抗癌之间做了权衡，并据此为人类设定了端粒的最佳长度。

端粒研究还存在其他问题：绝大多数研究使用的模式动物是小鼠。考虑到成本和操作难度，做人类研究时，小鼠通常是很好的动物模型，但端粒研究并非如此。小鼠的端粒与人类的相去甚远：小鼠的端粒生来就比人类的长，并且小鼠的所有细胞中都有

端粒与太空

2016 年，美国宇航员斯科特·凯利完成当时美国宇航史上最长的一次太空停留，离开国际空间站，返回地球。他受到亲人们的热烈欢迎，其中就有他的双胞胎哥哥、同为宇航员的马克·凯利。美国国家航空航天局（NASA）在这次太空之旅开始前、进行中及结束后对这对双胞胎进行了身体检查，以了解长期的太空居留对人体的影响。他们发现，相比马克，斯科特的身体发生了很多生理变化。其中之一就是：在太空时，斯科特的端粒变长了，但回到地球后，他的端粒很快又缩短了，甚至比去太空前还要短。

也许，"不老泉"是一张去往太空的单程票……

激活状态的端粒酶。如果端粒真的是青春之源，那么按理说小鼠应该远比人类长寿才对。事实当然并非如此——小鼠活够短短几年都很费劲，而且患癌率非常高。所以，端粒并非我们要寻求的答案。要想长寿，还得继续探究。

Chapter 11

Zombie
Cells
and
How
to
Get
Rid
of
Them

第十一章
清除僵尸细胞

在古希腊的坟墓中，骷髅被发现时经常是被石头或其他重物压住的。这似乎是为了防止他们死而复生。在更古老的美索不达米亚，传说中女神伊什塔尔曾威胁道："我将令死尸复生，吞食活人。"直到现代，我们仍然能看到这类有关"活死人"——僵尸的恐怖电影。这一章中，我们也要讨论一下僵尸。不过，此僵尸非彼僵尸，跟好莱坞没有半点关系。我们要讨论的是"僵尸细胞"。

* * *

正常情况下，细胞谨小慎微地监测自身的状况。一旦发现异常，它们就会以"细胞凋亡"的方式自我了结。这就是人类细胞很难在实验室中培养的原因——当细胞与人体分离后，它会监测到事情正在起变化，然后迅速自杀。细胞的谨慎似乎到了偏执的程度，不过，这和机体的其他许多行为一样是进化的结果。细胞凋亡机制能够有效地预防癌症、对抗感染。如果细胞感到自己正在癌变或受到病毒的感染，它就会无私地牺牲自己，以保全机体的其他部分。这听起来很壮烈，其实不过是机体运作中的常规操作。在你阅读这段文字时，你体内就有几百万个细胞凋亡了。是的，几百万。人体每天大约有 500 亿~700 亿个细胞以凋亡的方式死去。数字听起来大得匪夷所思，但实际上这只是人体细胞总数的一小部分，可以轻而易举地被替换补位。

在某些情况下，受损的细胞没能干脆利落地杀死自己，而是进入了一种叫作"细胞老化"的状态。处于老化状态的细胞，就是我们所说的"僵尸细胞"。伦纳德·海弗里克首先使用了"细胞老化"这个名词来描述到达海弗里克极限的细胞。也就是说，当细胞的端粒即将被耗尽时，它们就变成了僵尸细胞。不过，导致细胞"僵尸化"的方式还有许多种。一般来说，所有诱发细胞凋亡的因素也能够诱发细胞"僵尸化"。

细胞一旦"僵尸化"，包括分裂在内的所有正常活动都将停止，但它不会按照一般流程进行到下一步——死亡，而是继续非生非死地存在着，并向周围环境分泌具有破坏性的分子混合物。不难想象，僵尸细胞会加速机体的衰老。在明尼苏达州梅奥诊所，科学家们展开一系列研究，试图弄清僵尸细胞是如何影响生物体寿命的。在一项研究中，他们将年迈的小鼠的僵尸细胞移植到年轻健康的小鼠体内。年轻的小鼠起初充满活力，接受了一剂僵尸细胞后便明显精神萎靡起来。奇怪的是，移植六个月过后，外来的僵尸细胞早已消失，小鼠却仍然很虚弱。原来，僵尸细胞像传说中的僵尸一样，能够将僵尸状态传染给其他细胞。僵尸细胞所分泌的分子混合物可以使健康细胞"僵尸化"，无论这些细胞位于身体何种部位。结果显示，接受僵尸细胞移植的小鼠始终未能恢复活力，它们的寿命也比正常小鼠短。移植的僵尸细胞越多，小鼠早衰的状况越严重。

接受僵尸细胞移植的小鼠，其身体变化过程与机体正常衰老的过程有些相似。正常衰老过程中，虽然没有外来的僵尸细胞，但随着年龄增长，自身产生的僵尸细胞也会在体内积累。因此，与年轻人相比，老年人体内有更多的僵尸细胞。既然有这么多负面作用，彻底清除僵尸细胞一定对身体有好处吧？梅奥诊所的研究人员巧妙地利用基因工程技术对此进行了测试。简单来说：他们培育出一种特殊的基因改造小鼠，这种小鼠体内好比安装了"细胞炸弹"，可以在不影响正常细胞的前提下，将僵尸细胞炸毁。研究人员用一种分子触发物来"引爆"炸弹，清除小鼠体内的僵尸细胞。

研究人员将基因改造小鼠分为两组：第一组作为对照，自然生长；第二组则每周两次触发"细胞炸弹"。每周两次的频率是非常必要的，因为僵尸细胞在整个生命周期中都会出现，必须持续清除，才能使体内保持没有僵尸细胞的状态。结果与预期一样：清除僵尸细胞对小鼠大有裨益。它们明显比对照组的同龄小鼠更健康、更有活力，寿命也延长了约 25%。

* * *

　　那么，我们是否应该寻求清除僵尸细胞的方法呢？值得注意的是，细胞老化并不总是坏事。实际上，僵尸细胞在生长发育和伤口愈合中都发挥着重要的作用，不应该被彻底消灭。但是，小鼠实验又明确证实了僵尸细胞促进衰老并与老年病的发生密切相关。看起来，在我们年轻时，细胞衰老机制发挥的作用是积极的，但随着时间的推移，它逐渐偏离了正轨。

　　免疫系统对这种状况负有一定责任。通常，免疫细胞会以吞噬的方式清除僵尸细胞。僵尸细胞之所以向周围环境分泌有害分子混合物，目的也是吸引免疫细胞。但机体衰老后，免疫细胞数量大大减少，幸存下来的也往往疲于奔命，无法再应答僵尸细胞的召唤。

　　这意味着我们得另觅途径来清除僵尸细胞。人体并没有"细胞炸弹"基因，这条路行不通。我们面前有两个选项：其一，"拯救"僵尸细胞，使其恢复健康；其二，杀掉僵尸细胞。

　　选项二看起来更可行，科学家显然也这么认为：到目前为止，相关研究几乎都集中在如何杀死僵尸细胞上。遗憾的是，杀死僵尸细胞可不像电影中杀死僵尸那么容易。最大的难点在于，僵尸细胞并不是集中在一起的。它们分布在身体各处，并且从局部来看，总是占少数，即使在老年时期也是如此。因此，要杀死僵尸细胞，首先得能够瞄准它们，这是非常困难的。失之毫厘，就意味着错杀正常细胞，并且其"伤亡数量"将远多于僵尸细胞。这可就得不偿失了。

尽管如此，科学家们还是设法找到了一些专门针对僵尸细胞的候选药物。这些药物被称为"老化细胞裂解剂"，大多通过强行迫使僵尸细胞凋亡来达到目的。如前文提到的：绝大多数僵尸细胞本该在"僵尸化"之前凋亡，但"僵尸化"抑制了凋亡的发生。现在，老化细胞裂解剂又将迫使细胞重新启动凋亡程序。

迄今发现的老化细胞裂解剂中，有很多是提取自植物的化合物（所以再次提醒大家，多吃水果、蔬菜）。例如，有一种老化细胞裂解剂是黄酮类化合物"漆黄素"[1]，它存在于草莓和苹果中。在衰老小鼠的饲料中添加漆黄素，即使在生命后期才开始补充，也可以延长小鼠的寿命。不过，该研究所用的漆黄素浓度比实际能从食物中获取的高得多。若要摄入等量的漆黄素，得一口气吃几公斤草莓才行（终于找到狂吃草莓的借口了）。

葡萄中所富含的黄酮类化合物原花青素 C1，以及洋葱和卷心菜中富含的漆黄素近亲槲皮素，也是老化细胞裂解剂。槲皮素与白血病治疗药物达沙替尼组合使用，效果尤其显著。目前，有几个正在进行中的临床试验，研究两者组合使用的效果。目前看，它们似乎是裂解僵尸细胞的优秀候选药物。不过，达沙替尼显然

---

[1]　漆黄素是一种存在于多种水果和蔬菜中的天然黄酮醇。在肿瘤发展的各个阶段，漆黄素都发挥着抑制作用。——编者注

不是可以乱吃的东西，也不可以作为日常补充剂服用。一般来说，老化细胞裂解剂在浓度较高时，对正常细胞也有毒害作用。服用任何该类药剂都应该在专业人士指导下进行。

目前我们能做的只有等待临床试验的结果，并期盼好运。不过事实上，成功案例已经出现了：一种正处在试验阶段的老化细胞裂解剂安全有效地治疗了衰老导致的眼部疾病。鉴于大量的实验和资金投入，老化细胞裂解剂很可能会成为第一个被医疗机构批准的真正的抗衰老药物。

同时，还有一些不太被看好的僵尸细胞清除办法。首先，有些细胞是由于病毒感染才"僵尸化"的，而槲皮素等老化细胞裂解剂可以抵抗 A 型流感病毒等的感染。其次，从免疫学的角度来看，健康的免疫系统很可能有能力自行解决僵尸细胞的问题。再次，值得注意的是，大多数老化细胞裂解剂都是来自植物的黄酮类化合物。当然，要摄取等同于临床试验的用量，胃口得跟大象一样才行。不过，植物中此类化合物很多，谁知道它们叠加在一起会不会产生协同效应呢？最后，虽然直接杀死僵尸细胞看起来更容易，但人们也从事逆转细胞"僵尸化"的研究，而且前景可观。一些研究表明，调节昼夜节律的褪黑素可以促使僵尸细胞恢复到健康状态。虽然褪黑素并不仅仅是人们常说的"睡眠荷尔蒙"，但提高睡眠质量、形成规律的睡眠时间，无疑是有益健康的。

第十二章

拨转生理时钟

　　想象你是一位科学家，正在研发一种延年益寿的药物。你陆续利用酵母、秀丽隐杆线虫、果蝇等模式生物证实了药效，并最终成功地在小鼠身上看到预期的效果。你兴奋异常，经过权衡，决定继续将赌注押在这种药物的研发上。几年过去了，你做了药物安全测试和剂量测试，筹集到投资，还到各个相关部门办理了大量手续……终于，一个大问号挡在你面前：这种新药，对人类有效吗？你坐下来，开始筹划人体实验：实验应该如何设计？样本人群应该如何选择？如果选择中年人，就得等上几十年才能看到结果；如果选择老年人，等待的时间虽然相对短一些，但也需要若干年，而且药物发挥作用的时间将被压缩。可能出现的状况是：实验数据说服力不足，不能完全证明该药效果显著，但似乎又有迹象表明它的确有一些益处。那么，你又要做选择了：要么放弃；要么回到第一种计划，再以中年人为样本测试一次，用剩余的职业生涯等待结果。

虽然上文的"等待困境"是我们想象的，但对生物医学科学家来说，这是实实在在横亘在他们眼前的巨大烦恼。对任何试图开发预防性药物的研究者而言，周期过长都是主要的障碍之一。比如，研发老年痴呆症或癌症等疾病的预防性药物时，要等待许多年才能确定一种潜在的药物是否在临床试验中有效；然后，又要用很长时间来做相应的调整和优化。在走到临床试验这一步之前，花费的时间已经有好多年了，投入的资金也有数百万美元之巨。因此，医学的进展往往比其他科技领域慢也就不足为奇了。

了解到药物开发所需要的巨大时间投入，就能理解科研人员为什么对"生物标志物"这种新技术的出现如此兴奋了。生物标志物是与一些重要生物指标相关联的可量化替代物。它易于测量，并可通过数值大小反映机体的某种状态。比如，发烧时，体温会上升，体温就是身体发烧强度的生物标志物。如果施用一种药物后体温下降，那么就意味着这种药物可能对引起发烧的病灶起到了治疗的效果。

除发烧之外，还有其他各种生物标志物。比如，帮助衡量机体生理年龄的标志物——生理时钟。生理时钟反映的不是一个人生日蛋糕上应该插多少蜡烛（那叫"时序年龄"），而是机体各项生理功能所反映的健康程度。用更直白的话来解释就是，生理时钟准确地反映了一个人距离死亡有多远。我们知道，时序年龄相同的两个人，身体状况可能大不一样。同是古稀之年的老人，有一些忙着跑马拉松，而另一些连走到街角的商店都费劲。对比两个人的生理年龄，跑马拉松的可能才 55 岁，而走到街角商店里的可能已经 85 岁了。

因此，如果有一座生理时钟，抗衰老药物的测评就轻松多了。在实验开始时，先记录下生理时钟的基准时刻。然后，将基础条件类似的受试者分为两组——其中一组为对照组，不服用被测药物；另一组为实验组，服用被测药物。有了生理时钟，就不必等到受试者自然死亡才能评价药效了，只要不时监测他们生理年龄的变化就可以达到目的。如果药物有效，那么从生理年龄上看，实验组个体的衰老进程将被延缓，而对照组仍将按照正常速度衰老下去。如此一来，药物有效性的测评时间将大大缩短。

* * *

最早的生理时钟候选者，是我们在之前的章节中讨论过的端粒。乍看上去，端粒似乎确能胜任。如前所述，端粒会随着年龄增长而逐渐变短；端粒越短，代表距离死亡越近。很多研究采用了端粒作为生理时钟——有一个参照物总比什么都没有强，但端粒其实并不可靠。平均来看，端粒短的人的确更可能短寿，但这种关联性不够紧密。如果再纳入人类以外的生物，端粒的标记作用就更模糊了。比如，小鼠的端粒比人类长，寿命却远比人类短。科学家还发现一种叫白腰叉尾海燕的海鸟，它们的端粒随着年龄增长而变长（顺便提一句，就白腰叉尾海燕的体型而言，它们的寿命的确算是很长的）。显然，端粒并不能准确地反映各个层次的衰老现象。

2013 年，德裔美国科学家史蒂夫·霍瓦特找到了一种新的生理时钟——表观遗传时钟。虽然这种时钟的运行原理有些复杂，但在准确性方面，它胜过端粒等所有其他生理时钟。我们试着来说一说。

顾名思义，表观遗传时钟是基于对 DNA 表观遗传修饰的统计来运作的。我们可以将表观遗传修饰看作细胞的一个控制系统。人体的所有细胞（红血球细胞除外）都含有该个体全部的遗传信息，即合成该个体所需要的全部基因序列，但大多数情况下，每种类型的细胞只需要遗传信息的一小部分。例如，肌肉细胞需要指导合成肌纤维的基因，但不需要指导合成牙釉质或味觉感受器的基因。反过来也一样，负责牙齿发育的细胞需要与牙釉质合成相关的基因，但不需要肌纤维合成相关基因。此外，一个细胞需要某种基因，不代表它始终需要。很多时候，细胞只在特定的时期需要某些基因。

这就使细胞需要一个控制系统，来调度各个基因在特定时间、特定地点表达。当某些细胞需要一个基因时，控制系统便将该基因激活，不需要时，便将该基因关闭。表观遗传便是这个控制系统的一部分。它通过"修饰"，使 DNA 分子发生一些可逆转的化学变化。你可以将这一过程想象成在基因上贴标签——"开启""即将开启""暂时关闭""永久关闭"等。这种控制方式是非常巧妙的。人体因此可以用同一套基因蓝本来指导合成不同的"产品"，比如脑细胞、免疫细胞、小指头上的细胞，以及其他一切细胞。

在我们从一簇小小的细胞团发育成婴儿、孩童直至长大成人的过程中，表观遗传发挥了巨大的作用。有些基因只在发育早期有用武之地，有些在发育过程中和成年后对机体有用处，还有些则需要指导形成特定类型的细胞。成年以后，表观遗传修饰是否会趋于稳定呢？毕竟，到了这个阶段，表观遗传控制系统已经胜利完成了任务。但令人惊讶的是，成年后，甚至在生命的晚期，表观遗传修饰仍在不断地变化。科学家们曾经认为，这只是由于细胞控制系统随着年龄增长而错误频出导致的：细胞慢慢失控，导致表观遗传修饰系统随机地在基因上贴标签。老年时发生的大多数表观遗传变化都是使细胞失去有效关闭某基因的能力。这似乎证实了科学家们的猜测。在身体发育早已完成之后，再次激活负责生长的基因是具有一定危害的，因为这可能引发癌症。

虽然上述猜测看起来合情合理，但后来还是被史蒂夫·霍瓦特推翻了。霍瓦特证实，老年时期发生的表观遗传变化并不是随机的，它们始终遵循着某种特定的模式，似乎是人体发育程序的延续。难道这些表观遗传变化是程序化衰老吗？在找到确凿证据之前，科学家们将其命名为"准程序化"衰老。

无论来龙去脉如何，这些规律性的表观遗传变化都可以用来衡量细胞的生理年龄。表观遗传修饰系统使用一种特殊的标签来关闭基因，叫作"甲基化"。研究人员通过测量一些特定遗传位点甲基化的程度，再对照表观遗传修饰的准程序化衰老模式，就可以精准地统计出机体的生理年龄。若表观遗传时钟测出的生理年龄高于时序年龄，则该个体短寿的风险更大，患心脑血管疾病、癌症、阿尔茨海默病等疾病的概率也更高。从外形上看，他们也显得更衰老、更虚弱，且在认知测试中表现较差。与之相对的，大部分百岁老人的生理年龄往往比时序年龄小。比如，一位老人虽然已经 106 岁了，但生理年龄却远远小于这个数字——这可能就是他能成为百岁老人的原因。

目前，我们有了更新版本的表观遗传时钟。它的功能更强大，甚至可以用在其他物种上。从最初的黑猩猩表观遗传时钟开始，如今所有哺乳动物都有了专门的表观遗传时钟。这也说明，表观遗传时钟所测量的是各物种在衰老进程中具有共性的东西。

* * *

自从表观遗传时钟被发现以来，研究人员就忙于利用它窥探衰老的方方面面，其中之一就是衰老在身体各个部位是如何作用的。从时间上看，机体的所有组织和细胞都是同龄的。某些细胞类型的个体寿命虽然相对较短（因为它们是新近从制造其他细胞的干细胞分化而来的），但追根溯源，一个人所有的细胞其实都是从一个细胞分化而来，那就是受精卵细胞。表观遗传时钟也证实了这一点：在一个生物体中，利用表观遗传时钟测得的所有细胞年龄都大致相同。也就是说，无论提取一个人身上何种类型的组织或细胞，比如脑细胞、肝细胞、皮肤等，测出的生理年龄都应该是相同的。但也有少数几种例外情况，向我们展示了衰老有多么神奇。

其中最著名的是，女性的乳腺组织往往比其他组织的生理年龄大。这很值得思考，因为乳腺癌是女性最多发的癌症，每年造成数百万人死亡。数量众多的互助团体和募捐活动致力于帮助乳腺癌患者，同时也让我们意识到乳腺癌对健康的威胁有多大。但对普罗大众而言，大概很难理解最常见的癌变部位竟然是乳房，而不是体内众多其他重要器官中的一个。了解乳腺组织的衰老速度相对较快后，我们对这种现象的理解就加深了一层。研究表明，与时序年龄相比，乳腺组织的生理年龄高出越多，患乳腺癌的风险就越大。那么，为什么乳腺组织老化得更快呢？医学界目前还没有定论。不过，一旦弄清答案，也许就能够推进乳腺癌的治疗和预防了，同时顺带增进对细胞老化的普适性了解。

另外，还有一种组织的衰老速度比身体其他部位慢。它就是脑组织中的小脑。普通人对小脑的了解大概很有限，因为这个部位通常不太容易出问题。至少，与其他脑部组织相比，小脑受老年病侵扰的概率是相当低的，其中的原理同样尚未弄清。不过，着眼于脑干衰老的研究对我们了解如何延缓脑部其他组织的衰老、降低神经退行性疾病的风险显然会有很大帮助。

我们的生命起始于母亲的卵细胞与父亲的精子结合而成的一个单细胞——受精卵。融合后，受精卵迅速分裂，形成一小簇细胞团。科学家称这些生命早期的细胞为多潜能细胞，也就是说，它们有潜力分化为200多种不同类型的细胞，构成人体的各个部

抗衰能力的强化

女性通常比男性长寿，女性的生理年龄往往也比男性小——这在两岁时的儿童期就能找到证据了。绝经前，女性的抗衰优势尤其明显，对老年病有较强的抵抗力。绝经后，女性的患病风险开始缓慢地与男性趋同。值得注意的是，绝经较晚的女性大多也比较长寿。表观遗传时钟似乎能提供一些线索，来解释这种现象。做过卵巢切除的女性，人为地提前进入了绝经期，她们的生理年龄通常比时序年龄要高；而用激素推迟绝经的女性，其生理年龄通常较时序年龄小。不过，通过激素推迟绝经的做法会增加罹患乳腺癌的风险。所以，在这里，我们再次面对"是否要增长端粒"时的两难困境。也许，在治疗癌症的手段有了长足进展之后，才能考虑利用这些"双刃剑"类型的抗衰方法吧。

分。随着发育的进行，细胞分化的程度越来越高，逐渐失去转变为其他细胞类型的可能性。这好比爬树：在树干上时，可以爬向任何方向伸展的枝杈。但到了某一个分叉点，你必须选择顺着其中一边继续往上爬。越接近枝杈的末端，你的选择越有限，直到停在最后一根树枝上。对应到细胞分化的过程，这就相当于一个多能细胞最终变成了脑细胞、肌肉细胞、皮肤细胞等终末分化细胞，失去了全能性。

科学家们过去以为细胞分化是单向的——一旦到达终末分化点，细胞就无法逆转分化过程，重新组成其他类型的细胞。日本科学家山中伸弥证明大家的看法都错了，他因此获得了2012年的诺贝尔医学及生理学奖。山中伸弥发现，终末分化的细胞可以逆分化回多能干细胞；再用爬树来类比，就是一个到达末端枝杈的皮肤细胞可以再次退回到树干上。山中伸弥和他的研究组用四种蛋白因子达成了将已经分化细胞去分化的目的。这四种蛋白因子现被命名为"山中因子"。通过这种方式去分化的细胞叫作"诱导性多能干细胞"，即这一细胞被人工诱导去分化，从终末分化细胞变回了多能干细胞，并且可以再次分化为任何类型的细胞。

如上文讨论过的，天然的多能干细胞出现在个体生命初期。也就是说，它们的年龄几乎为零。科学家们想知道，人工诱导性多能干细胞的年龄是与去分化之前相同，还是恢复到零。通过表观遗传时钟测量，山中因子明显使细胞的生理年龄倒退至零，与生命初期的天然多能干细胞一样。这是人类最接近灯塔水母的时刻——人工诱导性多能干细胞与灯塔水母返老还童的发生机制十分类似。

如果现在从你的皮肤上取一个细胞，利用山中因子就可以使它变得比你体内的其余细胞年轻许多。山中因子使生理时钟倒转了，细胞的长生不老变成了现实！

不过，还是那个老问题：细胞的长生不老如何跃迁为整个机体的长生不老呢？对所有细胞使用山中因子显然不可行。那会使所有细胞都倒退回细胞团的阶段，不分肌肉细胞、大脑细胞，身体将直接解体。科学家想到了用脉冲的方式对细胞短暂施用山中因子，从而既使细胞的生理年龄逆转，又不至于逆转回多能干细胞。这个过程叫作"细胞重编程"。目前，细胞重编程技术已经在小鼠身上取得可喜进展。首先，科学家发现，该技术可以增强衰老小鼠的组织再生能力；之后，研究人员又发现，细胞重编程可以使老年小鼠恢复年轻时的视力水平。不过，细胞重编程与端粒酶一样可能导致癌症，并且其诱发的癌症类型非常可怕。去分化的细胞退分化为多能干细胞后，在它们再次分化的过程中，可能会形成一种叫作"畸胎瘤"的癌症。这种癌症的发生过程类似新个体的发育，其中可能包含各种各样的组织，比如几缕头发，往往还有牙齿，非常可怕。所以，研究者必须优化治疗方案以降低诱发癌症的风险。细胞重编程真可谓一种"高风险，高回报"的返老还童术。

许多科研团队和医药公司对细胞重编程技术寄予厚望。这不难理解，之前讨论过的众多疗法，目标都是在一定程度上降低衰老的损害，增进机体的修复功能。也就是说，它们至多在延缓衰老与增进健康方面有一点帮助。细胞重编程则完全是颠覆性的。它揭示出衰老遵循着某种程序，并且我们有可能找到控制这一程序的方法。也就是说，人类也许可以按照意愿拨转生理时钟。我们不知道利用细胞重编程技术重返青春最终能否会成功，也许成功的概率就像在路边拾到一百万美元那么低。即便如此，也已经有很多竞争者冲向路边，抢夺那或许存在的一百万美元了。

在亿万富翁与大名鼎鼎的科学家支持下，多家公司已于近年启动了有关人类细胞重编程技术的研究。其中特别值得注意的是硅谷初创公司阿尔托斯实验室，据说其对抗衰老相关研究的投入已经达到了破纪录的 30 亿美元。不过，目前还不清楚阿尔托斯实验室背后的投资者到底是谁。据传，包括亚马逊创始人杰夫·贝佐斯在内的多位世界巨富都参与其中。如此巨大的投入意味着该公司聘请了世界众多抗衰老领域的顶级专家。本书末尾文献目录内的作者名单很可能与阿尔托斯实验室的员工名录高度重合。该公司压下巨额赌注，相信只要聚拢世界顶级的科研人员并为他们提供充足的研究经费，细胞重编程技术终将变为一眼"不老泉"。

* * *

利用山中因子和多能干细胞来抗衰老的方式，并不只细胞重编程一种。前文提到，多能干细胞可以分化为机体内任何类型的细胞。那么，如果可以控制多能干细胞分化的方向，令其按照需要分化成某种细胞，比如心肌细胞，就相当于掌握了为机体制造"备用零件"的技术。也就是说，如果一个人需要肾脏移植时不必再依赖家人、朋友或陌生人的捐献，而是可以利用自己的细胞重新制造一个崭新的肾脏。同时，我们也不必费尽心思去让器官"返老还童"了，直接以旧换新就好了。

虽然听起来像科幻小说的情节，但相关研究实际上已经进行了几十年。科学家们正试图制造包括脑细胞在内的任何细胞和组织。不过，像生物领域的任何研究一样，这条路走得非常艰难。

干细胞制备本身就已经很困难了，干细胞培养也十分耗时费力；再者，利用信号分子诱导干细胞向特定方向分化更是极其昂贵的。简而言之，这项研究虽然进展非常缓慢，但始终在向前推进。目前，数十年来的研究终于曙光初现。尽管还不能制造由多种不同类型细胞组成的复杂器官，但在制造单一类型细胞方面已经取得了很多进展。例如，哈佛大学的科学家制造了能够分泌胰岛素的胰腺 β 细胞。在 1 型糖尿病患者体内，β 细胞被免疫系统攻击并杀死，患者必须注射人工合成的胰岛素来缓解症状，否则会面临致命危险。不过，检测血糖和注射胰岛素都非常麻烦，且注射胰岛素治标不治本。但掌握了利用干细胞制备胰腺 β 细胞的技术，治愈 1 型糖尿病的曙光就在眼前。事实上，已经有一位病人移植了人工诱导形成的胰腺 β 细胞，并治愈了他的 1 型糖尿病。

不过，胰腺 β 细胞实验以及其他类似项目使用的其实都不是诱导性多能干细胞，而是胚胎干细胞。也就是说，他们使用的干细胞并不是由病人自身的体细胞逆分化形成的，而是来自其他个体生命初始阶段的细胞团——胚胎。因为使用的不是自体细胞，所以移植可能会引起免疫反应。免疫系统可能攻击并杀死这些外来细胞，这对病人是非常危险甚至致命的。自然，免疫反应也将使整个治疗徒劳无功。幸运的是，在器官移植方面，我们已经积累了丰富的经验，知道如何防止免疫系统攻击外来组织。与此同时，科学家也在努力改造胚胎干细胞，使它们不会被免疫系统识别出来。不过，隐患依然存在，胚胎干细胞通常来自人工授精后弃用的多余胚胎。也就是说，它们来自一个未能出生的潜在人类个体。这就在伦理上引发了困境：将本质上属于另一个人类的细胞当作细胞团来取用是道德的吗？这令人想起有关海拉细胞系的伦理讨论。海拉细胞系和胚胎干细胞都对医学的发展做出了巨大贡献，拯救了无数生命，但技术的进步往往迫使我们在伦理道德上做权衡取舍，并反思我们的价值观。

* * *

除了发育初期的胚胎有多能干细胞，成人体内也有干细胞，但它们通常不是"多能"的，只能叫作"专能性干细胞"，即它们只能分化为特定几种类型的细胞。成年人体内的专能干细胞的作用是替代和补充不断损耗的细胞类型。这些损耗可能是由于伤害造成的，也可能只是正常的细胞更迭。例如，人类肠道最外层的细胞每4天就会更换一次，皮肤细胞每10~30天更换一次，红血球细胞的寿命只有120天。当然，并非所有类型的细胞都频繁地更新换代：每年被替换的骨骼细胞只有10%，而脑细胞通常与人同寿。无论如何，大体上讲细胞的更替都是必需的，这就使得专能干细胞十分重要。

事实上，干细胞决定了个体在组织水平上的修复再生能力。前文提到的自噬等机制是细胞水平的修复再生，组织层面的修复再生则是由干细胞负责的。像人体其他修复机制一样，干细胞的活力也会随着年龄的增长而衰退。年龄越大，干细胞分化新细胞、取代旧细胞的过程便越慢。这种现象叫作"干细胞衰竭"，其后果是组织的损伤修复能力越来越差，最终甚至连正常的维护工作都无法完成。例如，负责分化为免疫细胞的干细胞活力下降，是老年人免疫系统变弱的原因之一。同时，干细胞衰竭也使老年人受伤或手术的恢复时间拉长，增加了产生长期并发症的风险。

因此，在设想通过多能干细胞制造新器官之外，科学家也考虑通过取代衰老的能干细胞来增强组织的再生修复能力。尽管听起来像好莱坞电影中的虚构情节，但我们的确可以畅想通过注射干细胞来抵抗衰老。间充质干细胞是干细胞的一种，负责分化为骨骼、肌肉、软骨和脂肪细胞。利用间充质干细胞抗衰老的相关研究进展尤其迅猛。在一项研究中，研究人员将年轻小鼠的间充质干细胞注射给老年小鼠。该研究的目的本是测试间充质疗法能否改善导致骨骼密度和强度降低的老年病——骨质疏松症。骨质疏松症的病因之一很可能是间充质干细胞活力的衰退。然而，令人意外的结果出现了：注射了间充质干细胞的小鼠不仅在骨骼健康方面得到了改善，寿命也延长了。虽然这不代表注射干细胞疗法在人类身上同样会产生延长寿命的效果，但一些外科整形医生已经使用间充质干细胞修复晒伤皮肤，还有一些诊所针对多种运动伤害提供了间充质治疗手段。

总而言之，无论是细胞重编程、器官替换，还是多能干细胞注射，干细胞的相关研究毫无疑问在提供抗衰老疗法方面潜力无穷。

Chapter 13

Bloody
Marvellous

第十三章

神奇的「血疗」

20 世纪 20 年代初的一天，一位对人类未来满怀宏阔愿景的苏联科学家满面愁容，徘徊在莫斯科街头。这位科学家就是亚历山大·波格丹诺夫，他同时也是作家、哲学家、医生和坚定的共产主义者。波格丹诺夫信仰共产主义之虔诚，不只有被发配到西伯利亚终老的风险，而且令最自傲的革命同志自愧弗如。

波格丹诺夫对单细胞生物的研究、他的政治理想，以及他自己创作的科幻小说杂糅在一起，使他产生了人类应该彼此分享血液的想法。他坚信，那不仅是迈向理想中的共产主义社会的必要步骤，还可能具有抗衰老的附加效果。波格丹诺夫敢想敢做，他利用自己在克里姆林宫的影响力，很快就得到机会在莫斯科建立了输血研究所，并迅速开展输血实验。可想而知，波格丹诺夫将自己也作为试验对象之一。

　　起初，一切顺利。波格丹诺夫在两年内输了 10 次血，并认为用输血来抗衰老的效果十分显著。他的一位朋友甚至说，他看起来比实际年龄年轻了 10 岁。不过，波格丹诺夫的好运到底还是有用完的一天——在第 11 次输血时，他产生了严重的不良反应。人们至今仍不清楚当时的具体状况，只知道与波格丹诺夫分享血液的伙伴患有疟疾和肺结核。含有病原的血液可能导致了波格丹诺夫的免疫系统攻击其自身血液。两星期后，波格丹诺夫死于心肾并发症，享年 54 岁。

＊　＊　＊

　　亚历山大・波格丹诺夫远不是第一个尝试输血疗法的科学家，其疗法的古怪程度在科学界甚至不算罕见。输血实验早在 1864 年就出现了。当时，法国科学家保罗・贝尔突发奇想，将两只小鼠的部分身体缝在了一起。为什么要这样做呢？大概只是证明他能做到吧。这个令人发指的实验竟然有一些收效：贝尔发现，接受手术的两只小鼠的循环系统会自动融合。也就是说，被连接起来的两只小鼠共享了血液。这种奇特的现象被称为"异种共生"。之后的几十年，其他科学家也做过类似的探索，其中一些实验为器官移植手术铺平了道路。

　　尽管在贝尔 1864 年的实验之后曾出现过许多稀奇古怪的尝试，但过了将近 100 年，才有科学家想到利用异种共生现象来对抗衰老。美国科学家克里夫·麦凯是早期将衰老小鼠和年轻小鼠缝在一起的人之一。他想观察两只小鼠会如何相互影响。不过，这些实验并未取得什么进展，很快淡出了人们的视野。

直到 2005 年，这个想法又被斯坦福大学的一个研究组重新拾起来。研究者再次将不同年龄段的两只小鼠缝在了一起。他们发现，异种共生增强了衰老小鼠的机体修复再生能力，使其活力再现，年轻小鼠却变得衰弱了。也就是说，共享血液的两只小鼠，身体状态都向对方靠拢了。这种事发生在吸血鬼小说里还算合理，但在现实中摆在科学家们眼前，令他们困惑极了。血液如何传递修复再生能力呢？

一些人认为，这是因为年轻小鼠的干细胞通过血液传递给了衰老小鼠，并在其体内留存下来，所以衰老小鼠的身体状态突然好转了。然而，后续实验证明，事实并非如此。修复再生能力的增强实际上是由衰老小鼠自身的干细胞达成的。年轻小鼠的血液似乎能以某种方式使衰老小鼠的干细胞恢复活力、返老还童。研究还显示，这种变化与血细胞无关，因为单是血浆——血液中除血细胞之外的清液，就可以产生同样的效果。血浆中充满各种营养物质、激素和蛋白质。科学家虽然早就知道血浆的成分会随着年龄增长而变化，但一直认为那只是衰老所导致的众多变化之一。异种共生实验的结果暗示，这种因果关系很可能是倒转的，即血浆成分的变化才是"因"，导致了衰老这一结果。

* * *

富商巨贾自然不会放过利用血液重获青春的机会。输血是很常规的医疗技术，要找到合格的操作人员并不难。低价收购年轻人的血液，再高价卖给老年富翁赚取厚利，这种生意太容易做了。2016年，真的出现了一家做这类生意的美国公司——安柏萨。不过没多久，它就被美国食品药品管理局勒令关闭了。人类对输血疗法的认知尚浅，现在宣扬其疗效有多么神奇，显然为时过早。安柏萨的广告中频繁出现"长生不老"之类的字眼，令人无法不对其信誉度产生怀疑。

好在还有其他公司正以更严谨的方式进行相关研究，希望弄清年轻小鼠血液中到底哪些物质有返老还童的作用。该物质不太可能是细胞，更可能是某些可溶性蛋白。对我们来说，幸运的话，组成该物质的成分仅有一种或几种蛋白；如果不走运，那么我们可能又会陷入常见的无解"生物迷宫"，即各种物质互相关联、互相影响，令人无处着手。倘或如此，该疗法也就无法简化为只输入有效成分了，只能继续使用全血浆。测试这两种可能性的临床试验都已展开，其中一些已经得出了结论。例如，一项实验测试了输入年轻人的血浆是否能改善阿尔茨海默病。令人失望的是，结果显示该方法没有任何作用。

虽然有关输血疗法的研究仍在继续，但新的发现让人们对其功效越来越生疑。到底什么才是返老还童的关键：是年轻人的血液中真的含有所谓"抗衰老因子"，还是老年人自身血液的组成成分有蹊跷？证据似乎逐渐指向了后者。"生理盐水替换少量血液"实验表明，含有少许蛋白质的生理盐水与年轻小鼠的血液具有相同效果，一样能使衰老小鼠恢复活力。这意味着，也许重要的不是向小鼠血液中输入了什么，而是取走了什么。所以，可能性更大的是：衰老小鼠的血液中含有"促衰老因子"，移除它们才是小鼠"返老还童"的原因。

这一发现令人振奋，因为有一项已存在的人类"自发实验"可与之类比，那就是献血。通常，献血者每次献血会失掉大约半升血液，其机体首先会调配其他体液来补充失血，然后在接下来的几星期内合成新的血细胞和血浆，将损失的半升血液补足。这就相当于用生理盐水替换少量血液的实验。如果该实验的结论正确，那么献血者身上应该出现相应的表现。丹麦的一项研究显示，献血者果然更加长寿。当然，献血者往往原本就比常人更健康，毕竟只有健康状况良好的人才有余力献血。不过，即使将这一因素纳入考虑，献血的抗衰、延寿效应仍是可以观察到的。并且，献血次数越多，这种效应就越显著。应该明确的是，献血带来的抗衰老效应是相对舒缓的，一个人无法通过献血达到长生不老的目的。不过，无论如何，既然对献、受双方都有益处，何不一试呢？

献血有益健康的原理到底是什么呢？一种解释是，因为我们的老朋友——兴奋效应。失去半升血液对身体当然是一种压力源，而经过漫长的进化，人体学会了应对失血这类状况。虽然失血在现代变得越来越罕见，但曾几何时，人类的肠道中有各种吸血寄生虫，在生活里还常常卷入流血冲突。还有另外一种解释，就是

放血疗法的回归

失血与健康之间存在联系并非新闻。在历史上，放血曾经是一种常见的医疗手段。不过，出于某种原因，那时的放血疗法通常由理发师来执行。理发之后顺便抽一点血，曾经是很普遍的做法。事实上，理发店招牌标志螺旋三色转灯上的红色就代表放血的职能。当时，人们认为定期放血对健康颇有益处，但这只是基于民间智慧和经验，并没有科学研究作为基础。到后来，放血疗法逐渐被滥用。所有病都用放血来治，甚至治枪伤也要放血。

我们之前讨论过的，老年人的血液中可能含有某种促进衰老的因子。献血减少了这些因子的存量，使人体受益。若果真如此，那么可怀疑的东西就太多了，其中最引人瞩目的是铁。

血液中的红细胞负责将氧气从肺部运输到身体各处。红细胞之所以能够运输氧气，是因为它含有一种特殊的蛋白质，"血红蛋白"。每个血红蛋白分子的内部都含有亚铁离子，这也是血液会呈红色的原因。献血导致人体失去大量红细胞，而合成新红细胞中的血红蛋白时，会消耗体内储存的铁。也就是说，献血会导致机体的铁含量降低。

铁含量降低听起来并不是好事，毕竟健康建议都是让我们防止铁摄入量不足。人们很少知道，铁含量增高往往伴随着很可怕的状况。例如，阿尔茨海默病症和帕金森氏症患者的大脑病灶区域通常会有异常高的铁含量。阿尔茨海默病患者脑部铁含量越高，病情恶化得越快。随着年龄增长，血管壁上会出现铁含量异常高的斑块。这些斑块可能导致心脏病突发和中风。在一项随机对照试验中，医生通过放血减少人体铁含量，以期降低罹患癌症的风险。该试验有 1300 名参与者，他们被随机分为两组——一组定期放血，另一组不放血。试验结束时，定期放血组中患癌症的人数比另一组少了 35%，即使患癌，定期放血者的存活率也比对照组高出 60%。

　　遗传学研究也显示，铁代谢与长寿之间存在关联。在之前的章节中，我们提到过全基因组关联研究 GWAS，科学家们用它来确定基因变异类型与性状之间的关联。GWAS 分析显示，对免疫系统、生长发育、新陈代谢等造成不良影响，以及有助僵尸细胞形成的基因变异类型，都与衰老相关联。除此之外，与衰老相关联的还有体内的铁含量——遗传上倾向于体内铁含量较高的人，通常相对短寿。这一 GWAS 分析结论得到了实测数据的支持：在一项调查中，研究者测量了 9000 名丹麦人的铁蛋白水平。铁蛋白在人体中负责铁的储存。铁含量越高，铁蛋白水平就越高。调查显示，高铁蛋白水平与短寿呈正相关，在男性中更是如此。

　　需要特别注意的是，体内铁含量也并不是越低越好。过低的铁蛋白水平同样是非常危险的，特别是对每月都会失去一些血液（和其中的铁）的经期女性来说。不过，铁含量过高对人体有害这一事实颠覆了我们在保健上的一个习惯性认知，那就是"多多益善"。人们喜欢服用各种补充剂，总觉得多补一点没坏处。比如对于维生素，很多人的想法就是：以防万一，每种都补一点吧。可问题是，生物体的运作方式并不是多多益善。一项名为"爱荷华女性健康研究"的大型项目就提供了很好的证明：科学家们追踪了 39,000 名女性的健康状况，其中一项数据显示，服用铁补充剂的人比不服用的人早死风险更高。服用复合维生素也有同样的效果，因为复合维生素中也含有铁。

客观地讲，多多益善的策略通常不会导致太严重的问题，因为人体调节大多数营养物质和维生素的能力很强。多数情况下，多余的物质都会被机体排出。不过，铁是个例外。人体并没有排出多余的铁的机制，只有流汗、细胞死亡和出血等几种排出量很少的被动途径。如果短时间内摄入太多铁，人体是没有专门的系统来应付的。究其原因，可能是由于铁过量的情况在之前的进化过程中极少发生。过去，铁在饮食中的含量较低，多发的肠道寄生虫又会剥夺一部分，意外流血造成铁流失的事件也相对频繁，所以人体几乎不存在铁过量的情况。但在现代社会，情况发生了巨大的变化。随着年龄的增加，铁很容易在人体内富集，尤其是在男性体内。一个极端的例子是遗传性血色病（hereditary haemochromatosis，简称 HH）。该病的患者从食物中吸收铁的能力强于常人。如果不接受治疗，HH 患者体内会积累大量的铁，从而导致癌症或心脏并发症，提早死亡。HH 患者通常还会受到其他疾病困扰，比如糖尿病、关节疼痛、容易疲劳等。他们可以通过放血等方式降低体内铁含量，避免上述健康问题。

过量的铁集中在病灶处，一定是有原因的。一种可能是，铁

凯尔特人的诅咒，还是维京人的痼疾？

遗传性血色病（HH）几乎只在欧洲人种中出现，爱尔兰人的发病率尤其高，所以该病又被戏称为"凯尔特人的诅咒"。还有一种说法是，HH起源于维京人，并由他们传播到世界各处。HH在斯堪的纳维亚半岛的发病率很高。科学家还注意到，历史上曾被维京人侵占过的地区，HH的发病率往往也很高。

HH患者在进化上显然不具有优势，但这一突变却传播得很广。这是为什么呢？科学家们推测，原因可能在于同时拥有正常基因和HH变异基因的杂合个体。像其他多种遗传病的患者一样，HH患者从父母双方都继承了相关变异基因。如果一个人从父母中的一方遗传到变异基因，从另一方遗传到正常基因，他是不会患HH的，而只是HH基因携带者。与普通人相比，HH基因携带者可能在进化上具有优势。例如，历史上，耕种者主要依靠谷物为食，而谷物中的铁含量很低，携带一个HH变异基因对其健康是十分有利的。

当然，也存在其他可能性，比如稍多的铁摄入量可能促进红细胞数量增多，从而提高有氧代谢能力。一项研究发现，在世界级比赛中获得过奖牌的法国运动员，有80%是HH基因携带者；而在普通法国人中，携带该基因变异的人是非常少的。另一项研究表明，携带HH基因与身体耐力呈正相关。

促进了自由基的形成。在前面的章节中我们讨论过，低剂量的自由基并非像科学家曾经认为的那样有害。它可作为一种压力源，通过诱发兴奋效应增进身体健康。不过，兴奋效应与压力源的剂量密切相关。如果铁含量过高，导致过多自由基形成，压力源的强度超出了自身修复的承受范围，无异于瓷器店闯进了公牛，机体将受到损害，寿命也会相应缩短。

另一种可能是，铁有助于体内微生物的生长。铁是包括细菌、真菌等微生物在内的所有生物的必需元素。对细菌生长来说，铁的作用几乎等同于肥料。一次感染到底致命还是无关紧要，取决于造成感染的细菌吸收铁的能力有多强，或者细菌生长环境中的铁是否充足。一些欠发达国家常常面临两难选择：一方面，这些国家的儿童大多缺铁。摄入铁对儿童的身体生长和认知发育都有不利影响。因此，世界卫生组织（WHO）建议这些儿童服用铁补充剂，以缓解缺铁的状况；另一方面，铁补充剂又会增加感染疟疾和各种细菌的风险，且一旦感染，铁补充剂会使情况更加严重。

在进化过程中，人体其实已经积累了一些"经验"，防止铁助纣为虐。一旦发生感染，机体便会与病菌展开夺铁大战——这一战对消除感染至关重要。免疫系统一旦监测到感染，就会立即调高机体铁蛋白产量，以便将更多的铁固定在铁蛋白中。这就好比把铁锁在分子笼里，不让微生物有机会靠近。同时，铁调素的产量也将增加。这种激素可以阻止机体从食物中摄取铁。

接下来就让我们仔细观察一下微生物的世界，看它们到底如何应对。

第
十
四
章

微生物的斗争

　　1847 年，匈牙利裔德国医生伊格纳茨·塞梅尔韦斯心事重重地走在维也纳街头。

　　他是一名妇产科医生，也是维也纳总医院产科病室的负责人。维也纳总医院设立了两个诊所，为该市的贫困妇女提供免费产科护理。同时，这两家诊所也分别是新手助产士和新手医生的培训基地。

　　令塞梅尔韦斯忧心的是，在两家诊所就医的产妇分娩死亡率大相径庭。培训新手助产士的诊所，分娩死亡率约为 4%；培训新手医生的诊所，分娩死亡率竟然超过了 10%，且主要死因都是一种叫作"产褥热"的神秘疾病。

　　维也纳地区的贫困妇女都知道这两家诊所的差别。她们无论如何都想被送到培训助产士的诊所分娩，否则宁愿把孩子生在街上，也不肯落到新手医生手里。塞梅尔韦斯对这一状况深感忧虑，竭尽所能寻找差异产生的原因。他将两家诊所的全部操作流程和设备都统一了，但死亡率的差距并没有缩小。

塞梅尔韦斯有一位朋友叫雅各布·科莱奇卡。一天，科莱奇卡在进行尸体解剖时，被学生不小心用手术刀割伤。这道伤口发生了严重感染，并在不久后夺走了科莱奇卡的生命。在解剖科莱奇卡的尸体时，医生发现其特征与死于产褥热的产妇高度相似。受此启发，塞梅尔韦斯终于明白培训新手医生的诊所问题出在了哪里。

在那个年代，医生做完尸检后直接去给产妇接生是十分正常的。塞梅尔韦斯确信，其中必然有联系：医生将某种"尸体颗粒"从尸体转移给了产妇。经过再三斟酌，塞梅尔韦斯建议采用次氯酸钙（即现代用于游泳池消毒的氯化物）洗手的方式去除尸体颗粒。他当即规定，诊所里的所有医生必须在接近产妇之前用次氯酸钙洗手。

施行洗手规定之后，塞梅尔韦斯的难题得到了突破性的解决，诊所的产妇死亡率直线下降。在尚未施行洗手规定的 4 月，产妇死亡率为 18.7%。执行洗手规定之后的 6 月，产妇死亡率迅速降到 2.2%。到了 7 月，产妇死亡率已低至 1.2%。

塞梅尔韦斯立刻向医学界报告了他的发现，毕竟这是可以拯救无数生命的大事件。然而，令塞梅尔韦斯惊讶的是，同行对此的反应大多充满敌意。一些医生认为，塞梅尔韦斯是在暗示他们不够卫生，因此大为光火。另一些人则指出，塞梅尔韦斯的发现与当时的主流科学理论不符。

丹麦知名妇产科医生卡尔·列维也是塞梅尔韦斯的批评者。列维同样为哥本哈根高到天际的产妇死亡率感到苦恼，但他不相信塞梅尔韦斯的发现是真的。他认为肉眼看不见、必须借助显微镜才能观察到的小东西，怎么可能导致如此严重的疾病？简直荒谬。维也纳诊所产妇死亡率的变化一定是个巧合。

可怜的塞梅尔韦斯，与四面八方涌来的批评斗争多年。他反复给医学界众权威写信，但都无济于事。重重阻力令塞梅尔韦斯出离愤怒，他逢人必谈产妇死亡率和洗手，甚至开始指责反对者们都是杀人犯。塞梅尔韦斯的精神状况逐渐恶化，并于1861年患上了严重的抑郁症，之后又发展到精神崩溃。几年后，他被送入一家精神病院。他在院中遭到看守的殴打，之后伤口发生感染，最终因细菌污染血液而导致的中毒而死，终年47岁。

* * *

值得庆幸的是，在塞梅尔韦斯辞世前后，其他科学家的新发现推动了微生物学的长足发展。欧洲三驾马车法国、英国、德国的科学家研究并确立了"微生物可以导致疾病"的理论。首先，法国人路易·巴斯德证明，微生物不能凭空出现。这与当时人们的普遍认知是矛盾的。巴斯德还发现，啤酒和葡萄酒制造过程中最关键的酒精发酵步骤归功于微生物；微生物还可以导致食物腐烂。

巴斯德提出，可以通过三种方法避免食物腐烂：高温灭菌（即巴氏灭菌法）、过滤除菌、化学药剂杀菌。这激发了英国外科医生约瑟夫·李斯特的灵感，使用化学药剂杀菌来避免彼时极为多发的病人术后感染。李斯特确立了消毒手术设备和伤口的流程。随后，德国科学家罗伯特·科赫创建了在实验室中培养细菌的方法，并最终将特定细菌与相应疾病联系在一起，例如结核病、霍乱、炭疽热等。

微生物学领域的上述进展都是在持续不断的批评声中取得的。后来，确凿的证据已无可辩驳，最顽固的批评者也不得不转变看法。

对我们现代人来说，很难想象过去的人们认为细菌是凭空产生的，更难以接受医生竟然不洗手就在尸体和患者间来回操作。不过，在强烈抵触新理念方面，现代人仍与古人如出一辙。

在当今时代，人类已经开发出一整套对付微生物的"武器库"。抗生素几乎可以杀死所有曾经困扰我们的细菌；疫苗可以帮助人类防御曾经致命或无力抵抗的疾病；我们还积累了大量卫生知识，对感染途径和如何做无菌处理有了很深的了解。有一段时期，人类似乎已经可以宣布：在与微生物的亘古之战中，我们取得了最后的胜利。但果真如此吗？

* * *

20 世纪 80 年代初，澳大利亚珀斯的病理学家罗宾·沃伦在观察消化性溃疡患者的实验样本时发现了一些异常：所有样本中都可以观察到一些微小的螺旋形细菌。沃伦联系到一位名叫巴里·马歇尔的年轻医生帮忙。马歇尔立即着手研究。

当时，人们普遍认为消化性溃疡是由压力引起的，并确信这种病与细菌感染没有任何关系。大多数同行认为，罗宾·沃伦观察到的螺旋形细菌一定来源于样品在实验室受到的污染。沃伦和马歇尔并不认同这种看法，他们决定继续研究这些神秘的微生物。

第一步是分离并在实验室中培养这些细菌。两位科学家搜集了 100 位消化性溃疡患者的活检样本。令他们失望的是，样本培养基上并没有长出细菌菌落。他们没有放弃，继续尝试，幸运之神终于降临了。按照当时的惯例，患者的样本只允许在培养基上生长两天。但有一次，因为复活节假期，一个培养皿被放置了整整六天。螺旋形细菌终于得到了充分的生长时间，形成了菌落。

沃伦和马歇尔坚信，他们找到了消化性溃疡的真正病因——不是压力、饮食、缺乏锻炼或教科书里宣称的任何原因，一切都归咎于这些小小的螺旋形细菌！

两位澳大利亚科学家将他们的发现公诸于世，分享给所有感兴趣的人，但得到的反馈大多非常冷淡。同行们认为：细菌性疾病早已是"过去式"，几十年前就全部确认完了，发现抗生素之后，更是被一网打尽。当今的科学家应该致力于研究更深奥复杂的理论，再去烧细菌这口"冷灶"未免太落伍了。再者，这两个澳大利亚人的假设根本不成立——病因不可能那么简单，细菌也不可能在胃腔那样恶劣的酸性条件下存活。

另外，消化性溃疡的病因早已"众所周知"，生产、销售缓解相关症状的抗酸剂已经形成了一整个产业链。那时，2%~4% 的美国人口袋里都装着抗酸剂。这可是一笔大生意。

* * *

沃伦和马歇尔并不是最早将消化性溃疡与细菌感染联系在一起的科学家。早在 19 世纪末，就有研究人员在消化性溃疡患者的实验样本中观察到细菌。20 世纪初，甚至有日本的研究人员从猫体内成功分离出可疑的螺旋形细菌，并用该细菌感染豚鼠，使豚鼠患上了消化性溃疡。

不过，细菌感染导致消化性溃疡的理论始终未被接受。20 世纪 50 年代，一位著名的病理学家曾再次试图在消化性溃疡患者体内寻找细菌，但因为用错了方法，没有找到。最后一点希望似乎也破灭了。

从此以后，细菌感染导致消化性溃疡的想法几乎在科学界消失了，即便是偶尔出现，也会立即被打消。例如，一位希腊医生用抗生素治愈了自己的消化性溃疡，并用同样的方法成功治愈几名患者，但没有任何科学刊物接受并发表他的研究成果，也没有药物公司对他的疗法感兴趣。这位医生得到的唯一"回报"是希腊当局对他的罚款和起诉。

所以，沃伦和马歇尔的发现遭到质疑并不算新鲜事。两人设法使几位"细菌迷"微生物学家相信了他们的理论，但似乎也就止步于此了。他们发表的论文淹没在层出不穷的"压力－饮食－胃酸"研究新成果中。

　　雪上加霜的是，为证明其理论而进行的动物模型实验也失败了。沃伦和马歇尔曾试图感染从小鼠到猪等所有模式动物，但螺旋形细菌就是不肯在这些动物的胃里生长。

　　随着时间的推移，沃伦和马歇尔逐渐感到绝望。他们知道自己有了大发现，甚至可以使用抗生素治愈患者。如果能够说服管理机构，他们就可以向世界上其他地方的医生推广成功经验。唯一的办法，是在人身上一劳永逸地证明他们的理论。但如何操作呢？

　　纯粹的澳大利亚式冒险精神，让巴里·马歇尔决定拿自己当小白鼠。他从一位病人体内分离出螺旋形细菌，让它们在培养液中生长，然后喝了培养液。几天后，他病倒了。十天后，螺旋形细菌扩散到整个胃部，消化性溃疡的早期症状开始显现。在做了仔细记录后，马歇尔用抗生素根除感染，治愈了自己。

　　大胆的"以身试法"，成为两位澳大利亚科学家的转捩点。尽管之后又过了十年，障碍才被全部扫清（同时抗酸剂的专利也到期了），但在这次实验之后，人们就逐渐接受了螺旋形细菌——幽门螺杆菌感染才是消化性溃疡的主要病因，也是大多数胃癌的罪魁祸首。

　　对两位顽强的澳大利亚科学家来说，胜利尤其甘甜。2005 年，罗宾·沃伦和巴里·马歇尔因为此项发现被授予科学界的最高荣誉——诺贝尔奖。

* * *

从前，我们对微生物致病原理的理解是：一旦感染一种特定的微生物，例如某种细菌或病毒，人就会患上相应的疾病。这也是罗宾·沃伦和巴里·马歇尔的发现最初不被接受的原因之一——他们说幽门螺杆菌导致消化性溃疡和胃癌，但很多人胃里都有幽门螺杆菌，却并没有出现任何健康问题。经过后续研究，他们才证明幽门螺杆菌的确就是病因，根除它才能治愈消化性溃疡。这意味着，人类与微生物之间的关系远比我们曾经想象的复杂。

过去，人们认为人体是无菌的。近几十年来，随着技术手段不断进步，这种想法早已被证明是错误的。人体内充斥着数以亿计的"非人"生物体，即"微生物组"。事实上，在我们的身体中，不属于人体本身的微生物细胞比人体自身细胞的数量还要多，其中包括细菌、病毒、真菌等，它们分布在皮肤上、口腔里、肠道系统中，以及其他所有器官、系统里。这就好比雨林中的一棵树，它看上去只是一棵树，但其实也是各种昆虫、爬行动物、鸟类、哺乳动物，甚至其他植物的家。类似地，一个人不仅仅是一个人，而且是一整个生态系统。

寄居人体的微生物中，有些有益，有些无关紧要，还有些是我们宁愿没有的。有益微生物，主要包括能够发挥重要生物功能的细菌。例如，肠道系统中有一种助消化的细菌，可以降解不能够被人体消化的膳食纤维，同时产生促进健康的化合物丁酸盐。本书前面的章节中还提到过一种细菌，它可以产生促进细胞自噬的化合物亚精胺。还有更古怪的微生物助益人体的例子，比如有些细菌分解乳酸，使其免于在肠道中堆积，因而有助于跑步者提高耐力。

另外一些有益微生物保护人体免受其他微生物的侵害。例如，在肠道中，生态系统的平衡是通过对食物和空间的争夺来实现的。各种肠道细菌互相排挤、斗争，甚至吞噬。一旦平衡被破坏，比如一个疗程的抗生素杀死了有益细菌，那么有害细菌的势力就会扩大，人就会患肠道疾病。

微生物帮助人体维护健康，这种说法听起来很温馨。但必须强调的是，微生物可不是出于善意和同情来帮助人类的，它们只在乎自己的利益。微生物有时做出对人有益的举动，只是因为人体是其居住的地方，这样做对它们自身有益而已。如果情况转变，微生物会毫不吝惜地牺牲人类，为自己换取好处。

让我们来想象一下：一个无害的细菌在你身体某处默默与你和平共处。受人体免疫系统的制约，这个细菌只能偶尔繁殖。但在某一时刻，该细菌发生了突变，得以逃避免疫系统的辖制。于是，它迅速繁殖出更多个体，击败竞争对手，并得到更多机会传播到新的宿主身上。在这一过程中，付出代价的是人，因为细菌消耗了宝贵的资源，并且可能对人体造成伤害。当然，如果细菌太过分，造成宿主的死亡，它也会失去寄生的家园。不过，从进化的角度看，即使是"玉石俱焚"的极端做法，有时也是细菌愿意接受的代价，因为它可以因此传播得更远。这种极端恐怖且自私自利的策略当然不是细菌有意识的选择，只不过进化就是如此：繁殖出更多个体的微生物才能在生存竞争中占上风。

微生物最常寄居的人体部位是皮肤和胃肠道。这两处都属于体表（胃肠道及两端的口、肛形成了一个贯通的腔，所以理论上也属于"体表"），免疫活动较少，且食物来源丰富。当然，微生物不仅仅存在于体表。在人们曾经认为无菌的各器官内部，也充满了微生物。

以血液为例。医学界一直以来都认为人类的血液是无菌的，直到最近才发现并非如此。在适宜的条件下培养献血者的血样，可以得到多种微生物。也许，年轻人的血液之所以"年轻"，是因为其中所含的有害微生物比较少。

大脑的例子就更极端了。从前，人们一直认为，因为有"血脑屏障"[1]的保护，大脑一定是无菌的。血脑屏障，顾名思义，就是选择性阻止血液中的物质进入大脑的屏障。氧气和营养物质可以通过血脑屏障进入大脑，但其他大多数分子都会被阻挡在外。这也是治疗精神性疾病的药物难以开发的原因之一。大脑是人体最重要的器官，因此它防控外来微生物的"安保"措施更严格，也是可以理解的。

---

[1] 血脑屏障，也称为血脑障壁或脑血管障壁，是脑组织的神经胶质细胞和毛细血管的内皮细胞等组成的构造。血脑屏障可以限制物质在血液和脑组织之间的自由交换，防止有害物质进入脑组织，从而保护中枢神经系统。——编者注

即便如此，大脑中仍存在微生物。目前，科学家已经在大脑中发现了超过 200 种各类微生物，而且这个数字还在增加。不夸张地说，肌肉、肝脏、胸腔……你能想到的所有人体器官及组织，都有微生物存在。而且重点是，这些微生物不只"存在"而已，它们对人体的一切都有影响，甚至包括所服药物的效果。研究表明，常见药物在从消化道进入体内之前就已经被细菌改变了。

延长寿命但控制大脑的寄生虫

有一种以鸟类为宿主、以蚂蚁为中间宿主的寄生虫，叫作绦虫。绦虫的生命周期很奇特：它寄生在啄木鸟等鸟类的内脏中，将卵产在鸟的粪便里。当含有虫卵的鸟粪被蚂蚁吃掉后，虫卵就会孵化，并寄生在蚂蚁营养充足的腹部。不过，绦虫的终极目标仍是鸟类，因为只有在鸟类的肠道中，它才能产卵。为达到目的，绦虫完全控制了蚂蚁。如果世上真有"控制大脑的寄生虫"，绦虫可算作其中之一了。积极的一面是，绦虫掌握了延长中间宿主寿命的方法：被寄生的蚂蚁寿命至少比其他蚂蚁长三倍。我们还不清楚其中的机制是什么。显然，绦虫这样做不是为蚂蚁着想。它让蚂蚁活得更长，只是为了确保蚂蚁有更多机会被鸟吃掉。当鸟出现时，绦虫会操纵蚂蚁忘掉恐惧的本能，放弃逃跑，只是盯着天空呆着，等着鸟来吃。寄生虫对宿主从来不会心慈手软。

Chapter 15

Hiding
in
Plain
Sight

第十五章

遁形眼前

20 世纪 60 年代，美国人开始接种麻疹疫苗。之后，美国儿童便不再感染麻疹了。不仅如此，由其他传染病导致的儿童死亡病例同时骤降。欧洲国家开始接种麻疹疫苗后，也出现了类似现象。为什么麻疹疫苗能减少麻疹以外的感染呢？

像所有感染人类的微生物一样，麻疹病毒与免疫系统针锋相对。免疫细胞时刻提防着入侵者，一旦发现不速之客，立即采取行动。麻疹等病毒也有一系列应对办法，比如躲避、伪装，甚至反击。免疫系统与微生物的斗争贯穿人的一生。此时此刻，你的体内正在进行着这样的战争。

病原体进化出了各种抵抗免疫系统的本领，麻疹病毒更是个中高手。它拥有一项特别强大的能力——使免疫系统丧失记忆。

通常，一些免疫细胞会保留对过往病原体的记忆，当再次遭遇同种病原时，免疫系统所需的反应时间便会大大缩短。这相当于免疫系统拥有一份经过实战验证的作战计划，可以直接按照计划调兵遣将，将感染扼杀在摇篮里。巧妙的免疫"记忆"机制是疫苗能起到预防作用的原因，也解释了为什么水痘之类的病一生中只会得一次。

当麻疹病毒抹去免疫系统的"记忆"时，所有珍贵的"作战计划"都丢失了。这不仅对麻疹病毒有利，也顺带帮助了其他细菌和病毒，免疫系统忽然之间变得更容易被攻破了。因此，一旦感染麻疹病毒，人体受到其他感染的概率也将同时增加。据估计，由于其他感染而死亡的儿童病例中，大约一半都与麻疹病毒有干系。

这种"连环套"的打法在感染中十分常见：初次感染好比一记右直拳，紧接着的二次感染是左勾拳，局面陷入混乱后，病原体坐收渔利。疫苗之所以被称为医学界的无冕之王，就是因为它能帮助免疫系统将病原体扼杀在萌芽状态，有效防止了多重感染的混乱局面发生。不过，还有许多危险的微生物，人类至今没有研发出相应的疫苗。我们仍需保持警惕。

导致艾滋病的人类免疫缺陷病毒（HIV）就是典型的例子。HIV 攻击免疫系统中的 T 细胞，导致 T 细胞死亡。T 细胞是免疫系统中的"将军"，负责统筹协调免疫反应。T 细胞耗竭，意味着免疫系统会越来越弱，直到最终无法抵御任何微生物的攻击。平常在体表和体内与我们和平共处的微生物也抓住这个机会疯狂生长。比如，大多数人都携带的真菌白色念珠菌原本无害，这时可以造成严重的感染；又如，之前相对无害的人类疱疹病毒8型此时也能诱发一种叫作卡波西氏肉瘤的癌症。甚至连流感都可以发展到致命的程度。

由HIV导致的继发性感染对艾滋病患者是沉重的负担。尽管目前已有的一些抗HIV药物可在一定程度上延长患者寿命，但相对于健康的人，他们仍会提早死亡。艾滋病患者罹患癌症、心脑血管疾病等病症的风险也会增加。事实上，HIV感染本身就会增加患者衰老的速度。表观遗传时钟显示，艾滋病患者的生理年龄普遍比时序年龄大5~7岁。

＊　＊　＊

幸运的是，人类在抗击HIV方面有了一些进展，艾滋病对健康的威胁比过去减弱了。只要采取常规预防措施，感染HIV的可能性是非常小的。不过，其他一些更为常见的病原体感染也能够加速衰老。事实上，无论病原体是什么，似乎被感染这件事本身就会加速衰老。感染次数越多、程度越深，衰老得越快。这大概是现代人比旧时代的同龄人更显年轻的原因之一。一百年前的人们通常从童年开始就遭受各种感染的蹂躏。这使得他们人到中年时看上去比受疫苗保护的现代中年人更加衰老和疲惫。

虽然我们在疫苗的帮助下已经根除了许多曾经致残或致命的病毒。但是棘手的病毒依然存在，比如巨细胞病毒

（cytomegalovirus，CMV）。也许你从来没听说过 CMV，但它实际上是一种极为常见的病毒。在发展中国家，几乎所有人在成年之前都被 CMV 感染过。在发达国家，感染率虽然相对低一些，但大多数人仍然逃不过。CMV 与唇疱疹病毒一样，同为疱疹病毒属病毒。虽然 CMV 不会使人患上唇疱疹，但与其他疱疹病毒一样，它是长期存在的——一旦感染，终生携带。

CMV 可以感染多种不同类型的人体细胞，并通过体液在人与人之间传播。它强行入侵一个细胞后，将自己的 DNA 整合到细胞的 DNA 中。也就是说，CMV 挟持细胞来为自己服务。之后，CMV 就进入了一个活跃期和休眠期交替的生命周期。在活跃期，CMV 迫使宿主细胞制造大量 CMV 病毒颗粒，用于传染更多的细胞和人类个体。免疫系统监测到 CMV 正在制造麻烦，会试图反击，但 CMV 可以随时退回到休眠状态，以躲避免疫系统的搜剿，并伺机卷土重来。CMV 这种敌进我退、敌退我进的策略使免疫系统疲于奔命。在被感染者体内，可能有高达 10% 的关键免疫细胞忙于遏制 CMV。显而易见，这大大占用了免疫系统的精力和资源，使其无暇顾及其他病原体。因此，被 CMV 感染后，各种继发感染可能会随之而来。

被 CMV 感染的人很可能察觉不到自己被感染了，因为除婴儿外（许多婴儿听力丧失的主要原因是 CMV 感染），CMV 感染大多是无症状的。不过，科学家利用表观遗传时钟观察到 CMV 感染会加速人体老化。CMV 能够使血压长期保持在较高水平，并促进动脉壁斑块的形成。此外，CMV 还能够阻止细胞凋亡，使被感染的细胞更可能转化为有害的僵尸细胞。

因为 CMV 感染隐蔽性强，症状不明显，从前并未引起足够重视。不过，既然已了解到 CMV 的上述诸多害处，科学家们自然希望研制出根除它的疫苗。这并不容易，CMV 非常难于被靶向瞄准，它能够像躲避免疫系统一样，躲避人类的"延展"免疫系统——医学及药剂学手段。无论如何，CMV 疫苗的研发已经启动了。

还有一种疱疹病毒属的病原体也能加速衰老。它就是 CMV 的近亲、导致单核细胞增多症的爱泼斯坦 – 巴尔病毒（Epstein-Barr virus，EBV）。它同样几乎感染了所有人，并长期存在于人体。那些没有发展出单核细胞增多症的人通常在儿童时期就感染过 EBV——儿童期感染的症状不严重，与感冒类似。

EBV 感染人类时，会特别针对免疫系统中的 B 细胞进行攻击。在少数情况下，B 细胞可能会在病毒的挟持下发生癌变。不仅如此，长期以来，科学家们都怀疑 EBV 与一系列自身免疫性疾病有关，比如多发性硬化症、狼疮、1 型糖尿病和类风湿性关节炎等，但要证实这一猜测是相当困难的。原因在于，首先，许多人虽然感染了 EBV，但并未发展出这些疾病；其次，初次感染 EBV 与罹患多发性硬化症等疾病之间可能相隔了许多年。后来，一项以美国军人为对象的大型研究项目为此猜测提供了有力的证据——EBV 至少与多发性硬化症的发生是有关联的。科学家发现，EBV 感染使多发性硬化症的发病率增加了 32 倍。一个人即使在感染 EBV15 年后，患多发性硬化症的风险仍高于正常水平。

多发性硬化症这类自身免疫性疾病是由于免疫系统错误地攻击人体自身而导致的。感染竟然可以让人体进行自我攻击，这听起来很奇怪，究其原因，则可谓既神奇又可怕。我们在前文讨论过，微生物视免疫系统为天敌，尽力避免被其攻击。躲避免疫系统的最佳方法是什么呢？在丛林中，伪装是遁形于天敌眼前的最佳隐藏方式，细菌和病毒也采用了这种方法，通过一代代进化，它们变得越来越像人体本身的细胞和蛋白。免疫系统能够识别"自己人"，只攻击外来入侵者。也就是说，病原体可以通过伪装成人体组分来逃避免疫系统的攻击。然而，如果免疫系统识别并攻击了伪装的病原体识别出来，并且错误地一并攻击了与之相像的自身细胞和蛋白，那么后果将十分严重。很多时候，即使病原体没有直接对人体造成伤害，但由其导致的"自身免疫"后果也是非常严重的。病原体当然不会把人类放在心上，只要对它们自己有利，给人类造成再大的伤害，它们也在所不惜。

令人遗憾的是，尽管人类目前对 CMV、EBV 等常见感染造成的损害已经有了很多了解，但要避免感染依然不容易。而且，在知道这些之前，你可能已经被感染过了。不过，小心驶得万年船，像 CMV 一类的病毒是可以多次感染人类的，且由于其长期存在的特性，每次感染都将使情况变得更糟。CMV 和 EBV 很可能只是冰山一角。比如说，新型冠状病毒流行早期，世界各国相继进入封锁期，所有病原体的传播都跟新型冠状病毒一起受到了限制。在此期间，新生儿的早产率急速下降。其原因也许是某种尚未发现的导致早产的病原体传播受限。或者就拿新型冠状病毒本身来说，它似乎能够提高从糖尿病到心脏病等多种疾病的发病风险。

　　总的来说，有无数已知和未知的病毒以人类为宿主。不难想象，其中的一些会导致人体衰老、患病。许多病因尚未分明的疾病很可能是细菌或病毒感染导致的。过分的洁癖虽然没必要，但在常识范围内注意预防感染、接种疫苗，肯定是大有裨益的。

第
十
六
章

善
用
牙
线
可
延
寿

阿尔茨海默病大概是人到老年后可能遭遇的极坏结局之一。这种神经退行性疾病会慢慢抹去患者一生的记忆，直到连珍爱之人也认不出来。以阿尔茨海默病作为漫长一生的收尾，更是令人倍感痛苦的悲剧。

阿尔茨海默病的显著特征是大脑中出现蛋白质斑块。这些斑块由一种叫作"β 淀粉样蛋白"的肽段组成，你可以将它们想象成一个个小结块。目前，我们还不清楚这些蛋白质斑块的成因，但毫无疑问的是，它们可以引发大脑炎症并最终杀死脑细胞。

因此，最顺理成章的解决方案似乎就是去除 β 淀粉样蛋白斑块，或者更理想的，预防斑块发生。不过，说起来容易做起来难。保护大脑的血脑屏障就像一道生物版本的"柏林墙"，药物抵达病灶都很难，更别提发挥作用了。

　　尽管困难重重，制药公司还是成功研制出了防止大脑中形成β淀粉样蛋白斑块的药物，甚至也研制出了去除斑块的药物。遗憾的是，后来证实这些药物对防治阿尔茨海默病没有任何作用。为了寻找治疗方法，数以千计颇具才华的科学家投入了毕生的精力，花费了数十亿美元的经费，对几百种潜在的药物进行了临床测试。然而，巨大的付出和努力没有换来任何回报——没有一种药物有效。不但没有药物能够根治阿尔茨海默病，甚至连能够缓解症状的都没有。科学家们唯一能做的就是稍微推迟一下发病时间。如果所有药物都不奏效，那一定是有什么根本性的致病机理被忽略了。可到底是什么被忽略了呢？

　　几乎所有疾病都是人和动物都会患的，但阿尔茨海默病不同，它是人类所特有的。比如，虽然小鼠患癌症的概率很高，但完全不会患阿尔茨海默病。这对研制相关药物尤其不利。为了得到动物模型，科学家不得不通过人工手段让小鼠出现阿尔茨海默病的症状，然后再试图治愈它，期望以此获得一些能够借鉴到人体的经验。

　　难道是我们错误地判断了β淀粉样蛋白斑块与阿尔茨海默病的关系？这似乎不太可能。唐氏综合征患者患阿尔茨海默病的风险比普通人高很多，且发病年龄通常较小。唐氏综合征是因为多了一条21号染色体所导致的，而β淀粉样蛋白的基因就在该染色体上。额外的基因拷贝可能造成β淀粉样蛋白的合成量增加。这一现象支持了阿尔茨海默病与β淀粉样蛋白斑块的产生相关联的假说。科学家们认为，其他阿尔茨海默病患者的病因可能与此类似——要么是 β 淀粉样蛋白的合成量高于正常水平，要么是清除 β 淀粉样蛋白的能力不足。以上假设都将 β 淀粉样蛋白看作了代谢废物，但我们其实并不知道人体产生 β 淀粉样蛋白的目的是什么，只知道它与阿尔茨海默病有关。综上，我们目前所知的基本上只有：机体能够合成一种功能未知的蛋白；到老年时，这些蛋白可能通过在大脑中结成斑块来毁灭我们。

更令人费解的是，虽然只有人类会患阿尔茨海默病，但人类并不是唯一合成 β 淀粉样蛋白的动物。这种蛋白的基因在生物进化中流传有序，且保留得非常完整——不单猴子、小鼠有这个基因，甚至连鱼类都有，而且它在各物种之间高度保守。也就是说，人类和其他动物的 β 淀粉样蛋白基因序列相差无几。这意味着，该蛋白的功能非常重要。天生具有该蛋白突变的个体在生存竞争中不占优势，留下的后代也有限。一般来说，功能重要的蛋白质都具有这一特点——变化缓慢，在不同物种之间保守性较高。

那么，β 淀粉样蛋白的"重要功能"到底是什么呢？最大的可能性是抵御微生物。科学家在实验室培养微生物时发现，在培养基中加入 β 淀粉样蛋白，微生物就会被杀死。β 淀粉样蛋白在微生物周围结块，将其困死并锁定在结块中，以防死灰复燃。这是一个很巧妙的机制。不仅体外实验证实 β 淀粉样蛋白具有抵御微生物的功能，体内实验亦如此：将细菌注入小鼠大脑后，β 淀粉样蛋白立即行动，在细菌周围形成结块。失去合成 β 淀粉样蛋白功能的小鼠会因细菌感染而死亡；能够合成 β 淀粉样蛋白的小鼠存活概率大大提升。另外，从阿尔茨海默病的遗传机制来看，其发病也的确与免疫系统有关。

看来，微生物与阿尔茨海默病的发病脱不了干系。到底哪种微生物是罪魁祸首呢？来自中国台湾的一项研究揪出了头号"嫌犯"。研究人员发现，疱疹病毒感染者患阿尔茨海默病的概率比普通人高出了 2.5 倍。更有趣的是，服用抗疱疹病毒的药物可以将患阿尔茨海默病的概率拉回正常水平。另外，还有其他科研团队在已故阿尔茨海默病患者的脑组织样本中发现了疱疹病毒感染的痕迹，而作为对照组的普通脑组织中是没有的。在一项研究中，科研人员甚至在阿尔茨海默病患者大脑的 β 淀粉样蛋白斑块中发现了疱疹病毒。体外实验也可模拟这一现象：实验室培养的脑细胞如果感染疱疹病毒，就会出现 β 淀粉样蛋白斑块。若脑细胞感染病毒的同时，为其提供抗疱疹病毒的药物，则不会出现斑块。

这一发现还解释了另外一个令人困惑的现象。前文提到过，载脂蛋白 E（APOE）基因的一种变异类型会增加患阿尔茨海默病的风险。后来发现，该变异类型也会增加由疱疹病毒导致的唇疱疹的风险。综合两种现象，此种 APOE 变异类型很可能降低了机体抵御疱疹病毒的能力，因此才增加了两种疾病的患病率。

"微生物导致阿尔茨海默病假说"的批评者指出：有些感染了疱疹病毒的人并没有发展成阿尔茨海默病患者。但很多例子可以证明，这种现象是正常的。例如本书中提到的：感染幽门螺杆菌的人，不见得一定会患消化性溃疡；感染 EBV 的人，不见得一定会患多发性硬化症。这两种情况下，病原体并非直接致病，疾病只是感染病原体的间接结果。也就是说，病原体与相应疾病之间的关系并非必然的因果关系，最终患病还涉及其他许多因素，比如遗传背景、病原体的不同亚型、感染的严重程度，甚至是运气好坏。

当然，也有批评者也提出了比较有价值的质疑：疱疹病毒并不是唯一与阿尔茨海默病相关的病原体，但为什么只在疱疹病毒和阿尔茨海默病之间找到了比较确凿的证据？参与阿尔茨海默病发病的二号"嫌犯"是牙龈卟啉单胞菌。这种细菌通常生活在口腔中，能够导致严重的口腔炎症，也就是牙周炎。牙周炎与阿尔茨海默病呈正相关。一项以 8000 名 60 岁以上老人为对象的研究显示，患有牙龈疾病的人 20 年后患阿尔茨海默病的风险更大。在已故阿尔茨海默病患者的脑组织中，同样也发现了牙龈卟啉单胞菌。无论牙龈卟啉单胞菌与阿尔茨海默病是否有因果关系，勤用牙线、保持口腔健康，总是有益处的。

此外，"嫌犯"名单上还有肺炎性披衣菌（注意，此处指的不是通过性传播的披衣菌感染）和白色念珠菌等真菌。这些病原体都曾在已故阿尔茨海默病患者的脑组织中发现过，而在对照组中并没有发现。

到目前为止，疱疹病毒与阿尔茨海默病相关联的证据最为确凿。另外，若干病原体混合作用的可能性也是有的。也许其中一种病原体是罪魁祸首，其余的是"从犯"。当然，"微生物导致阿尔茨海默病"的理论还只是假说，不过，在阿尔茨海默病还没有任何有效疗法的背景下，认真考虑一下微生物致病假说也无妨。

扰乱大脑的感染

我们已经知道，其他一些感染病例也会呈现出与阿尔茨海默病类似的症状，例如梅毒。梅毒又被称为法国病、意大利病或西班牙病，这取决于你询问的对象是意大利人、法国人，还是葡萄牙人。梅毒是由性传播的细菌引起的。这种细菌起源于美洲，但由欧洲人传播到了全世界，之后便大行其道。感染若干年后，梅毒细菌可入侵神经系统，导致痴呆、"人格改变"等症状，感染者会变得非常疯狂。在发现抗生素之前，梅毒患者是欧洲各精神病院的主要患者群体。因感染梅毒发疯的著名病例不胜枚举，其中最广为人知的要数 20 世纪二三十年代美国禁酒时期的黑帮分子阿尔·卡彭。卡彭流连花街柳巷，感染了梅毒。服刑期间，他出现了妄想行为等精神疾病的症状。出于同情，监狱将他释放。卡彭于获释后不久死亡，终年 48 岁。

1911 年，病理学家佩顿·劳斯在研究患有癌症的鸡时，发现了一个奇怪的现象：从患病鸡的癌性结节中取得的提取物可以把癌症传染给同类。提取物经过滤膜处理，所有细胞及细菌都被过滤掉了，所以起传染作用的肯定不是它们。后来发现，致病物质其实是一种病毒。这是人类第一次直接观察到致癌病毒。

劳斯的发现最初并未引起人们的兴趣。很多年后，才有人重复他的实验。1933 年，科学家在兔子体内发现致癌病毒；9 年后，小鼠体内也发现了；又过了 9 年，猫体内也发现了…… 你大概能猜到之后的发展轨迹了。在上述病毒被发现的过程中，"病毒能够致癌"的提法不断遭到猛烈抨击。特别是当一些科学家谨慎地提出人体内可能也存在致癌病毒时，反对的声浪愈加高涨。直到 1966 年，也就是最初发现致癌病毒 55 年以后，佩顿·劳斯才终于凭此项成就获得诺贝尔奖。他也因此成为有史以来年龄最大的诺贝尔生理学或医学奖得主。

在此起彼伏的反对声中，20 世纪 70 年代，德国科学家哈拉尔德·楚尔·豪森终于在人体内发现了致癌病毒——乳头瘤病毒（Human Papillomavirus，HPV）。HPV 可导致宫颈癌，在前文亨丽埃塔·拉克斯的故事中，我们曾提到它。此后，人体内许多其他致癌病毒也相继被发现，其中就包括爱泼斯坦－巴尔病毒和疱疹病毒 8 型，以及可导致肝癌的乙型肝炎和丙型肝炎病毒。

目前我们已经知道在人类癌症病例中，约有 20% 是由微生物感染引起的。除病毒之外，有些细菌也可致癌，比如我们的"老熟人"，可导致胃癌的幽门螺杆菌。还有与 HPV 共同作用、促成宫颈癌的沙眼衣原体（即通过性传播的披衣菌感染）。在所有这些病原体中，HPV 最为恶劣。不过，需要注意的是，并非所有 HPV 病毒都是危险的。在已发现的 170 多种 HPV 病毒中，致癌的主要是 HPV16 型和 HPV18 型。这两种 HPV 病毒所导致的癌症约占全球全部癌症病例的 5%，其中多数是女性宫颈癌，因 HPV 感染而罹患口腔癌等癌症的男性也在逐渐增多。尽管疫苗阴谋论者极力阻挠，但随着 HPV 疫苗的研制成功，因为 HPV 感染而罹患癌症的悲剧有望成为过去。

前文提到，在所有癌症中，约有 20% 是由微生物引起的。那么，其余的 80% 呢？人类对癌症的认知还存在许多盲区。近年来，在肿瘤中发现的微生物越来越多。事实上，几乎所有肿瘤的病灶中都存在细菌感染。出现这种现象的原因可能是癌症抑制了免疫系统，助长细菌的滋生；也可能细菌就是肿瘤最初形成的帮凶。具核梭形杆菌就是"与肿瘤携手同行"的典型例子。它通常存在于口腔中，能够促成龋齿（勤用牙线也可发挥防治作用）。研究人员在结肠癌病灶中也发现了这种细菌，且该细菌会随着肿瘤的扩散而扩散。有趣的是，抑制该细菌的抗生素也能够抑制肿瘤生长。类似地，科学家对比胰腺癌患者和健康人的胰脏，发现胰腺癌患者的胰脏组织样本中出现真菌感染的概率比健康人高出3000 倍。

微生物是导致癌症的元凶，还是只是促进肿瘤生长的帮手？在对抗免疫系统的斗争中，微生物与癌症分别扮演了什么角色，医学界目前还不清楚。不过，可以肯定的是，我们会发现有更多微生物与癌症狼狈为奸。

如果不考虑篇幅限制，我可以继续罗列口腔细菌与一系列老年病的联系：动脉斑块中存在口腔细菌感染（再次提醒大家勤用牙线），流感病毒会提高心脏病发作的风险，病毒与帕金森综合征密切相关，等等。不过，各位大概已经窥出其中玄机了：微生物与每一种困扰人类的老年病都有着千丝万缕的联系。若要根除老年病，就必须同这些蚕食人类的小东西斗争到底。

＊ ＊ ＊

现在，想象一粒病毒——由蛋白质外壳包裹着一点遗传信息所构成的小生物体，畅游在无垠的海洋中，实际上，"海洋"是某个可怜人的唾液腺。这粒病毒的同伴已经成功感染了这个人。现在，它们正不断从一个细胞扩散到另一个细胞。与所有生物一样，病毒的最终目标是大量复制自己。为达到目的，它们需要细胞中那些能够合成分子的细胞器。

这粒病毒运气不错，很快就遇到一个受害者。它附着在这个倒霉细胞的表面，哄骗细胞将它纳入体内。之后，病毒将自己的 DNA 整合到细胞的基因组中。细胞大势已去。如果此时细胞终于意识到了危险，那么它将立即进入凋亡程序，以求保护机体的其他部分。这样一来，病毒的行动就失败了，失去了迫使细胞为它制造副本的机会。

那么，病毒要如何应对呢？前文提到过，细胞凋亡的触发器之一位于线粒体，线粒体中还包含其他对病毒不利的蛋白。因此，线粒体就成了病毒首要攻击的目标。线粒体中的细胞凋亡触发器被紧急"制动"，病毒终于可以松一口气了。不过，这并不意味着它就安全了。细胞很清楚自己处在生死关头，会拿出其他本领对付病毒。

虽然细胞已经开始合成病毒颗粒，但贪婪的病毒并不满足，毕竟，先下手为强。如何才能让细胞更快地合成新病毒呢？既然可以操控"制动"，当然也可以操控"油门"，比如伪造生长信号。通常，细胞生长意味着制造新的细胞组分，但在病毒的操弄下，额外的资源全部用来合成更多新病毒了。对病毒来说，这简直完美！不过，所有活动都需要能量，病毒继续操控线粒体，保证细胞的"发电厂"持续运转。此时细胞已经非常清楚形势不对，激活了所有压力应激信号。前文提到，压力可以触发细胞自噬，感染所造成的压力当然也不例外。细胞内的"垃圾处理器"开始收集并消灭病毒颗粒，以此来抵抗感染。不过对病毒来说，这也无妨——只要阻止细胞自噬，依然高枕无忧。渐渐地，细胞变得歇斯底里。它疯狂地呼唤免疫系统来帮忙，并警告周围的细胞做好应对病毒感染的准备。一旦免疫系统中专门负责消灭病毒的"杀手"，比如 B 细胞，发现受感染细胞，就会迅速"送它上路"。B细胞能够制造抗体，遇到感染时，抗体与病毒结合并将其中和。病毒自然不想遇到这些免疫"杀手"。于是，分别感染了许多细胞的众多病毒联合起来，与免疫系统展开较量。病毒的策略是尽力伪装、隐藏，一旦有机会便实施反击。如果该策略有效，就可以接着制造更多病毒了。最终，病毒颗粒塞满细胞，是时候开始新旅程了。病毒给细胞最后的致命一击，使其爆裂。成千上万的新病毒随之被释放到无限的"海洋"中，寻找下一个目标。

令人毛骨悚然，是吧？幸好，没有哪一种病毒同时拥有上述所有本领。上面几段叙述中提到了线粒体、生长信号、细胞凋亡、细胞自噬，以及免疫系统，这囊括了迄今为止本书讨论的大多数与衰老相关的领域。不过事实上，病毒加速人体衰老的方式还有很多，比如：

○病毒感染可使细胞处于过度氧化应激状态，这类似于衰老细胞的状态。

○病毒感染导致细胞不得不进入"僵尸"状态，细胞以此来阻止病毒的压榨和剥削。毕竟，僵尸细胞无法进行任何活动，也不再分裂，也就不会为病毒制造副本了。

○病毒复制会消耗亚精胺，而亚精胺是具有抗衰老作用的化合物。人体衰老后合成亚精胺的量减少，这可能是为了抑制病毒而有意为之。

○某些病原体会伪装成人体组分以逃避免疫系统。更有甚者，有些病原体伪装成信号分子，操控人体为其服务。例如，某些病毒会指导合成类似胰岛素或胰岛素样生长因子-1（IGF-1）的蛋白质，而这些信号分子都是促进衰老的。

简而言之，微生物不仅增加了罹患衰老相关疾病的风险，而且与目前已知的所有促进衰老的物质有关。这迫使我们对微生物采取措施。

第
十
七
章

免
疫
复
兴

在莫桑比克和津巴布韦的池塘中，生活着一种绿松石色的小鱼——"鳉鱼"。在外行眼中，它们跟普通的观赏鱼别无二致，但对从事衰老研究的人来说，它们的意义可就远远不止于此了。鳉鱼是世界上寿命极短的脊椎动物之一，仅能存活几个星期。这使得它们很适合作为衰老研究的对象——研究人员可以很快看到实验结果。

鳉鱼虽小，却也像所有动物一样，内脏中不可避免地存在微生物组。实际上，鳉鱼内脏中的许多细菌种类与人类内脏中的相同。这也让鳉鱼成为研究肠道微生物组的优秀模式生物。因此，在鳉鱼身上，我们找到了衰老研究和肠道微生物研究的交叉点。

鳉鱼肠道中的生态系统随着年龄增长而变化：年龄越大，微生物种群的多样性越低。也就是说，年老时，少数类型的细菌会成为主导种群，压制其他菌群的生长。人类肠道生态系统的变化亦是如此。肠道菌群的变化是否影响了衰老的进程与寿命的长短？对此，德国科学家已经着手进行研究。研究人员们给培养至中年的鳉鱼服用一个疗程的抗生素，以清除其肠道中的所有菌群。结果表明，这一操作能够延长鳉鱼的寿命。之后，他们又尝试为服用过抗生素的中年鳉鱼接种年轻鳉鱼的肠道菌群。结果显示，这一操作进一步延长了鳉鱼的寿命。似乎某些肠道细菌有延缓衰老的功能，但随着年龄增长，这些有益菌群逐渐衰败了。

我可不是建议你像吃糖果一样服用抗生素。那很可能造成有益菌被清除，把"阵地"拱手让给有害菌。也许有一天，医学界能够找出针对性清除有害细菌的疗法，但目前还做不到。不过，通过德国科学家的鳉鱼肠道菌群实验可知，促进有益菌群的生长同样能达到延长寿命的目的。我们可以尝试去支持有益菌群。科学家发现，鳉鱼肠道中的有益菌群主要以膳食纤维为食。促进这些菌群的生长很容易——提供更多膳食纤维就可以了。作为回报，它们会产生一种叫作"丁酸盐"的化合物。丁酸盐能从多个方面促进人体健康。比如，它与免疫系统互动，使肠道细胞结合得更紧密。这对人体是很有帮助的，因为随着年龄增长，肠道系统发生渗透的概率增加。渗透可导致肠道中的细菌进入血液，造成紊乱——这些细菌倒不见得直接造成危害，但它们会严重刺激免疫系统。人体免疫系统对细菌的两种分子脂多糖（LPS）和肽聚糖非常敏感。当人体发生急性感染时，免疫系统反应敏感当然是好事；

但如果只是少量被动进入体内的微生物也能让免疫系统持续活跃，这就对人体有害了。

在老年人体内，这种低水平免疫活动很常见。原因之一可能是病原体的增加，但也可能是免疫系统像其他部件一样随着年龄的增加而功能减退了。

免疫系统的低水平激活状态称为"慢性炎症"。"炎症"即免疫系统被激活时所触发的状态——发热、红肿、疼痛。不过，不是所有炎症都源于病原体对免疫系统的激活。在老年人群中，有一种叫作"无菌性炎症"的症状，即并没有特定病原，但免疫系统处于激活状态。这种现象也叫作"炎性衰老"。炎性衰老之所以有害，是因为免疫系统往往是不计代价的。在进化过程中，免疫系统的使命是对抗感染，而感染过去可是生死攸关的大事。像士兵一样，为了夺取胜利，免疫系统不能瞻前顾后、畏手畏脚。如果能击败敌人，付出一些代价，比如损毁一些自身组织，也是值得的，否则结果可能就是死亡。

* * *

那么，在微生物与人体衰老之间，拼图的最后一块就是免疫系统本身。我们知道，老年时，免疫系统会攻击错误的目标，其对抗病原体的能力越来越差；我们也知道，与衰老相关的基因变异似乎都与免疫系统有关。此外，老化的免疫系统本身也会促进机体衰老。美国明尼苏达大学的一些研究证实了这一点。该校科研人员培育了免疫系统早衰的小鼠，发现除已知副作用外，早衰的免疫系统还促进了小鼠各器官的老化。原因之一是，衰老的免疫细胞可能会变成僵尸细胞，并造成相应损害；原因之二是，衰老、脆弱的免疫系统无法清除各器官中产生的僵尸细胞。综上，抗衰老的方法之一是让免疫系统重振雄风。

以免疫系统"返老还童"为目标，研究人员们瞄准了一个叫作"胸腺"的器官。这个小小的器官位于胸腔内，堪称抚育"免疫系统的将军"T 细胞的托儿所。T 细胞在骨髓中产生，在胸腺中成熟。它们在胸腺中学习如何区分敌我，成长为合格的"将军"。不幸的是，胸腺特别不禁老。随着年龄增长，它会逐渐萎缩并变成脂肪，这个过程叫作"胸腺退化"。这意味着，人体将逐渐失去培养免疫系统将军的能力。胸腺退化的速度因人而异。一般来说，成年人的胸腺每年缩减 1%~3%。到老年时，胸腺已经所剩无几了。

胸腺的衰退是免疫系统随年龄增加而衰弱的首要原因。如果能使胸腺复活，免疫系统就会复兴，那么本书中提到的许多难题将迎刃而解。焕发青春的免疫系统将高效地清除僵尸细胞，更有能力抗击癌症，并消灭困扰老年人的病原体。例如，青年人得了流感一般不会有太大问题，但老年人得了流感可能会面临很严重的后果。

为验证这一设想，俄罗斯的研究人员将年轻小鼠的胸腺组织移植给老年小鼠。该实验的设计有些令人不适，因为研究者必须将胸腺组织移植到可怜的受体小鼠的眼睛上。实验设计中有时会采用这种操作，原因是眼睛里的免疫活动少，外来组织被攻击的可能性低。实验虽然可怕，但达到了科学家的目的：它证实了年轻的胸腺组织确实可以延长衰老小鼠的寿命。

大概没人想在自己身上重复上述实验，但科学家们目前正在研究利用干细胞构建"备用"胸腺，并取得了长足进展。本书介绍干细胞的章节曾提到其原理——诱导干细胞分化为胸腺细胞，然后将它移植给有需要的人。研究人员已经通过给小鼠移植胸腺组织验证了这种疗法。为老年人更换年轻的免疫系统，在未来可能会变为现实。

在"胸腺移植疗法"成功之前，还有至少一种方法有望暂时阻止胸腺退化。研究人员通过给衰老小鼠补锌的方法，使其胸腺部分再生了。在一项临床试验中，研究人员也观察到锌补充剂减少了老年人受感染的概率。所以，补锌也有可能使人类的胸腺再生。

第三篇

几点建议

———

Part III

NATURE'S WONDERS

Chapter 18

Starving
for
Fun

第十八章
挨饿的乐趣

　　想象我们穿越回到 15 世纪的威尼斯。彼时，意大利这个国家尚不存在，威尼斯还是一座独立、富饶的城邦。从丝绸、棉花到玻璃，这座城邦能够生产的商品应有尽有。威尼斯商人还将来自异国的货物分销到欧洲各地。巨额的财富和庞大的远航船队使威尼斯成为无可争议的霸主之一。

　　在风光旖旎的威尼斯运河上，我们可能有幸遇到一位名叫路易吉·科纳罗的贵族。科纳罗出身于意大利半岛，起初并不富裕。后来，他发明了为湿地排水的方法——在威尼斯地区，这可是相当不错的行当，他因此积累了一笔财富。

　　富起来的科纳罗每日佳肴美馔、玉液金波，到了 40 岁，颓废的生活方式带来的不良影响逐渐显露出来：他体重超标、萎靡不振、自觉体衰年老。作为一个充满创新精神的人，科纳罗决定自己来解决这个问题——他开始疯狂寻找一种更健康的生活方式。

在咨询了几位医生后，科纳罗开始遵循一套严格的饮食方案：每天的食物由鸡蛋、肉、汤和少量面包组成，总摄入量不超过350克。当然，作为意大利人，他一定还要喝一点酒，但每天只可以喝半瓶左右。

新的饮食方案令科纳罗的健康状况发生了奇迹般的转变。他对自己取得的成果十分惊喜，决定写一本书来推广他的节食方法。书名恰如其分，叫作《论适度生活》（*Discorsi della vita sobria*）。

这本书大获成功，很快出版了多种欧洲语言译本。至于科纳罗本人，余生始终没有偏离这种饮食习惯。不过，他也进行了一些新的尝试，又撰写了几本关于健康生活方式的书，其中就包括他在83岁高龄时所写的《长寿的艺术》（*The Art of Living Longer*）。

在生命的最后阶段，科纳罗每餐只吃一个蛋黄。虽然听起来不太有食欲，但这个饮食方案似乎空前有效——科纳罗的身体状况极好，甚至90多岁还笔耕不辍。

当死神最终到来时，科纳罗的年纪差不多已是中世纪普通人平均寿命的两倍，达到98~102岁的高龄。

* * *

在路易吉·科纳罗过世近四个世纪之后，一位美国教授和这位威尼斯贵族走上了同一条道路。克莱夫·麦凯是纽约州康奈尔大学的教授，也是一位营养学专家。前文讨论年轻血液的章节中，我们曾提到过他。在麦凯生活的 20 世纪 30 年代，人们很关注促进儿童成长，认为孩子长得越快越好。那时候刚发现不久的维生素也被用来帮助促成这一目标。"促生长"的风潮令麦凯深感忧虑。他认为，一个人只有慢慢成长，才会健康长寿。

麦凯的灵感源于 16 世纪英国科学家弗朗西斯·培根勋爵，勋爵的姓氏"培根"在此处显得尤为和谐。培根在一本著作中表达了与麦凯类似的看法：想长寿，就不能快速生长，而要尽可能缓慢地长大，最好成年后体型依然小巧玲珑。听起来很耳熟吧？

为了验证关于长寿与生长速度的猜想，麦凯以大鼠为模式动物设计了一个实验。将大鼠分为三组：第一组正常喂养；另两组控制饮食，仅提供显著低于正常水平的卡路里，但维生素和矿物质的供应充足。因此，后两组老鼠不会营养不良，只是热量不足而已。这种类型的饮食方案后来被称为"卡路里限制"。

随着时间的推移，作为实验对象的大鼠一只只"寿终正寝"。麦凯详细记录了这些大鼠的寿命。1200 天后，在最初的 106 只大鼠中，只有 13 只仍然存活。这 13 只大鼠全部来自限制卡路里的小组。以当时的纪录，它们很可能是有史以来最长寿的实验室大鼠。

这一实验似乎证实了麦凯的猜想：卡路里限制使大鼠生长速度减缓，成年后体型较小，但寿命延长了。

几十年后，20 世纪 80 年代的两位科学家理查德·温德鲁奇

（中文名：魏德理）和罗伊·沃尔福德又发现：因限制卡路里而导致的身材矮小并不是长寿所必需的，在这些啮齿动物发育到正常体型之后再对它们进行卡路里限制，其寿命仍会延长。

魏德理和沃尔福德还证实，卡路里限制的程度与啮齿类动物寿命的长短之间存在线性关系。摄入大量食物的小鼠寿命最短；在一定程度上限制卡路里摄入量的小鼠寿命有所延长；照此逐渐加强卡路里限制的程度，那些濒临饿死的小鼠寿命是最长的。

机缘巧合之下，沃尔福德后来不得不对自己进行了一轮卡路里限制"实验"。还记得前文提到的大型未来主义温室"生物圈2号"吗？生物圈2号的目标是创造一个封闭的生态系统，为人类和动物提供维持生命所需的一切。沃尔福德和他的团队在这个封闭的生态系统中整整生活了两年。事实证明，从无到有建立一个完整的生态系统是非常困难的。入驻生物圈2号的成员们不得不大幅削减食物摄入量，最后还是得从外部获取补给。渐渐地，成员们接受了每餐之后都把盘子舔干净的做法。

大概没人会为失去体验这种生活的机会而感到特别遗憾。但对沃尔福德来说，这样的机缘可遇而不可求。在生物圈2号生活期间，他得以在人类身上测试卡路里限制，并得到确凿的结果。经历了忍饥挨饿的日子后，生物圈2号科研小组全体成员的血液胆固醇和血压都比入驻之前降低了，免疫系统也变得更好了。

自早期研究至今，卡路里限制的效果已经反复被证实。小鼠在受到卡路里限制后，寿命普遍延长了20%~40%。另外，它们可繁殖的年限也延长了，免疫系统增强，患癌概率降低，外表看起来也比对照组的同龄小鼠更年轻。当然，以某一种啮齿类动物为模型所得出的实验结论不能完全对应到人类身上（有时甚至不能对应到其他啮齿类动物身上）。

为获取更贴近人类的数据，两个美国研究组以恒河猴为模式动物，分别开展了卡路里限制实验。恒河猴的寿命可长达40多岁，所以实验漫长而坎坷。两个研究组于1987年开始实验，直到最近十年间结果才逐渐显现。那么，这些结果所带来的新发现值得如此漫长的等待吗？

根据墨菲定律，当你决定花费超过30年的时间来做一项研究，且恰好有两个研究组同时独立开展实验，那么两个实验所得出的结论必定是冲突的。恒河猴卡路里限制研究就是如此。第一个研究组的实验结果显示，卡路里限制延长了恒河猴的寿命；其中一只猴还成了猴界长寿纪录的创造者。然而，第二个研究组的实验显示，尽管卡路里限制使恒河猴看起来更健康了，但并没有显著延长它们的寿命。

矛盾的实验结果，令人很难判断卡路里限制对恒河猴的寿命到底有没有影响。大概也不会再有人原意投资几百万美元做新的重复实验，等到本世纪中叶再看结果了。那么，该如何判断卡路里限制是否对人类有益呢？用人来做实验必定困难重重，而且也很不道德。有人想做志愿者来挨饿吗？

当然，还有自然实验，比如生物圈2号中的科研人员。另外，自发进行卡路里限制的人群也是存在的。其中一些爱好者还组建了社团"卡路里限制协会"。当然,人的寿命比恒河猴长,要想判断卡路里限制协会的会员是否长寿似神仙,还得拭目以待。不过,针对他们的研究的确显示,从糖尿病到心血管病等一系列疾病的风险参数上看,这一人群绝对是出类拔萃的。毫无疑问,卡路里限制协会的会员异乎寻常地健康。

除自然实验外,还有几次研究人类卡路里限制的尝试。比如,在一项实验中,参与者被分为两组:第一组保持正常饮食;第二组被要求在接下来的两年中减少 25% 的热量摄入。虽然自愿减少那么多食物摄入量几乎是不可能的,但第二组参与者仍设法在两年内将卡路里摄入量减少了 12%。虽然比计划幅度小,但仍能看出卡路里限制对受试者大有裨益。第二组参与者的健康状况有了全面改善。事实上,他们的转变趋势与卡路里限制协会会员和卡路里限制实验中的动物相同。

你会因此自愿挨饿吗?大概不会。对绝大多数人来说(也包括我自己),卡路里限制所带来的好处还不足以让他们心甘情愿挨饿。

第一,卡路里限制与长寿之间的关系存在不确定性。卡路里限制对人类延长寿命到底有多大效果?一般来讲,似乎寿命越长的动物对卡路里限制的敏感度就越差。也就是说,目前的实验所显现的模式是:卡路里限制对线虫效果极佳,对小鼠效果良好,对恒河猴效果尚可。对人类呢?只能说也许有效。我猜想如果操作正确,卡路里限制也许会让一个人的寿命延长几年;不过,也只能是几年而已。

卡路里限制的机理

卡路里限制如何作用，又为何能延长寿命呢？很多研究都试图寻找这两个问题的答案。在这些研究中，有一个关于秀丽隐杆线虫的发现非常有趣：只有在线虫的自噬系统，也就是细胞垃圾回收系统正常运转时，卡路里限制才能延长线虫的寿命。如果人为阻断自噬，卡路里限制对线虫就不起作用了。还有另一个迹象，也将卡路里限制指向了自噬的方向。前面的章节中提到过，雷帕霉素能够阻断促进生长的mTOR，激活自噬，从而达到延长实验动物寿命的效果。不过，摄入了雷帕霉素的实验动物，就不能通过卡路里限制进一步延长寿命了。

第二，参与者反馈的体验并不好。许多人表示感到寒冷、反应迟钝和疲惫。实验动物大概也有类似感受。被迫受到卡路里限制的小鼠一旦有机会得到额外的食物，便贪吃如饕餮。我不知道卡路里限制是否真的可以延长人类的寿命，但毫无疑问，它会令你"觉得"生命非常漫长。

第三，尽管卡路里限制可能得不偿失，但相关研究取得的成果仍具有参考价值。首先，我们从中知道，避免暴饮暴食是很重要的，虽然不见得特地去挨饿，但也没必要吃得过饱；其次，更重要的是，我们找到了一种抗衰老的新手段——即使不直接采用它，但将来也许能找到一种途径来规避其缺点。科研人员目前正努力寻找不必挨饿就能达到卡路里限制效果的方法。如果能够准确找出卡路里限制在生理上对动物产生影响的方式，那么就可以开发模拟其效果的药物或疗法。

第四，这类药物被称为卡路里限制模拟剂。目前，已经有几种候选模拟剂了，比如前文提到的雷帕霉素和精氨酸。自然的方法也可以模拟卡路里限制，这就是另外一种可能性了，一种隐藏在千年智慧中的古老途径。

Chapter 19

An
Old
Custom
in
New
Clothes

第十九章

老树新花

在卡路里限制实验中，研究人员通常每天只给实验动物喂食一次。喂食时，实验动物处于非常饥饿的状态，会立刻将所有食物吃掉。之后，它们又得禁食到第二天。这让一些科学家怀疑，延长实验动物寿命的也可能是相对较长时间的禁食，而非卡路里限制。研究人员设计了一个富有独创性的实验，以期支持这一观点。该实验采用了不同的方式对小鼠进行卡路里限制，即用一种热量非常低的特殊饲料投喂小鼠。如此一来，小鼠可以整天进食，但摄入的卡路里仍然很低。也就是说，小鼠没有被禁食，但同样达到了卡路里限制的目的。若卡路里限制对小鼠有益，那么小鼠的寿命同样应该延长；反之，小鼠寿命的长短将不会受到影响。结果显示，该实验中的小鼠寿命并未高出普通水平。

其他科研人员也从另一个角度反驳了"延长寿命的是卡路里限制"这一主张。在他们设计的实验中，小鼠禁食，但不限制食量。具体操作是：小鼠每隔一天进食一次，每次的进食量大约是正常的两倍。在两次投喂之间，小鼠是禁食的。也就是说，虽然小鼠要经历较长时间的禁食，但摄入的总热量并未减少。结果显示，小鼠的寿命延长了，且延长程度与之前卡路里限制实验的类似。

综上，对啮齿类动物来说，禁食无疑与卡路里限制一样可以达到延长寿命的效果。前面章节中提到的发现其实可以解释这一现象。例如，禁食是一种引起兴奋效应的压力源，可使机体变得更强大。禁食和卡路里限制都可抑制具有生长促进作用的 mTOR，从而增强细胞的自噬活动。

* * *

在全世界大部分地区的文化和宗教中，禁食都是一种普遍存在的现象。早在古希腊，现代医学之父希波克拉底就建议为促进健康而禁食。几百年后，历史学家普鲁塔克也曾说："今日禁食，可免服药。"禁食至今仍是所有主流宗教的一部分。东正教有斋戒期，是从忏悔节[1]到复活节之间的 40 天。犹太人有常规的斋戒日，

---

[1] 忏悔节，也叫"忏悔星期二"，是基督教徒思罪忏悔的节日。忏悔节在大斋节之前的星期二举行，信徒在这一天为次日开始的斋戒做准备。——译者注

包括犹太教中最重要的圣日——赎罪日。这一天，犹太教徒在两次日落之间完全禁食。穆斯林有一年一度的斋月。斋月期间，他们在日出至日落期间不进食也不饮水。佛教徒在静坐冥想期间禁食。印度教徒有贯穿全年的各种斋戒日。禁食如此之普遍，很难找到哪一种文化或宗教是完全没有禁食传统的。

当然，上述宗教斋戒的初衷并不是延年益寿。不过，一些宗教典籍中的确经常提到禁食有益健康。其表述方式有净化（自噬），在磨炼中变得更坚强（兴奋效应），以及明心静气、自我反省等。

各地的禁食方式也多有不同。禁食期间，有些人粒米未进，有些人避免吃某些种类的食物（尤其是肉类），也有些人减少进食量，还有些人则是在特定的时间段内不进食。

基于研究目的的禁食方式几乎跟宗教斋戒一样多。例如，比较常见的是仅在限定的时段进食，即"限时进食法"。从某种程度上说，其实所有人都在限时进食。除非你是那种深夜吃零食或半夜起床补餐的人，否则用完晚饭到第二天吃早餐之前的时间就形成了一个禁食时段。一般情况下，这一时段有 10~12 小时。有些人还尝试延长禁食，比如在 4~8 小时内完成全部进餐，那么，连续禁食的时间就增加到了 16~20 小时。

限时进食法在小鼠身上取得了一些积极结果。研究显示，限制进食可以降低高糖、高脂肪等不健康饮食对小鼠的负面影响。也就是说，至少在小鼠身上，可以在一定程度上通过限时进食来抵消不健康饮食的负面作用。对人类来说，也许可以将限时进食策略应用在假期中。毕竟，度假时，人们的体重往往会增加。

除限时进食法外，其他禁食方法大多是进行一日或多日的全天候禁食。这种类型的禁食被称为"间歇性禁食法"。间歇性禁食在宗教中比较常见。

从科学史的角度看，间歇性禁食法始于 20 世纪 40 年代。芝加哥大学的两位研究人员安东·卡尔森和弗雷德里克·霍尔泽尔共同提出了这一饮食策略。卡尔森和霍尔泽尔是一对古怪的搭档：卡尔森是杰出的瑞典裔美国生理学家，在斯坦福大学获得博士学位，主持芝加哥大学生理学系长达 24 年。霍尔泽尔成为科研人员的路径则与众不同。十几岁时，他患上了严重的胃痛，试遍各种方法都不能缓解。后来，他确信胃痛是由进食引起的。他采用的解决方案很简单：不吃任何东西。不吃东西实在太难了，于是霍尔泽尔开始吃一些"替代物"来缓解饥饿感。这些替代物包括煤炭、沙子、头发、羽毛，以及他最喜欢的医用棉花。

卡尔森和霍尔泽尔结识后，成了好友，后来又成为搭档，结成充满活力的科研二人组。在测试各种物品通过霍尔泽尔消化道的时长（例如，玻璃球比金箔用时短）之余，他们还做了一些比较常规的生理学实验。

1946 年，卡尔森和霍尔泽尔做了后来广为人知的小鼠禁食实验。两人受克莱夫·麦凯"卡路里限制延长寿命"理论的启发，计划开展禁食实验。不过，他们也通情达理地承认，愉快地进行卡路里限制对人类来说是不可能的；而"曲线救国"的方法就是借鉴现实世界中唯一的类似现象——宗教禁食。他们发现：在实验条件下，类似宗教禁食的间歇性禁食法的确能增进大鼠的健康。当时，被证实能够延长鼠类寿命的方法并不多。他们在这不长的方法清单中再添了一项。

卡尔森和霍尔泽尔发现的方法叫作"隔日禁食法"，即每隔一天禁食一次，其余时间正常进食。如今，隔日禁食法在保健界和减肥人群中广受追捧。该禁食法简单易行：以"天"为单位，交替进行"禁食－进食"就可以了。还有些人选择不完全禁食，吃少量食物（比如 500~600 卡路里）来缓解饥饿感。还有更温和的禁食方式，比如流行的 5 ∶ 2 饮食法，即每周 7 天中禁食 2 天，另外 5 天正常饮食。

科学家们仍在搜集间歇性禁食法对人类产生积极影响的证据。将小鼠模型对应到人类时，需要注意时间比例：小鼠的寿命只有几年，而人的寿命有几十年。所以，禁食时间虽然都是一天，但从比例上来看，小鼠的禁食时间是远远长于人类的。因此，一些科学家认为要达到与实验小鼠相同的效果，人类得长时间禁食才行。

著名科学家瓦尔特·隆戈就是长时间禁食的支持者。他和同事们发现，对人类来说，持续禁食三天之后有益影响才会出现。问题是，禁食三天既不愉快也不可行，尤其是在维持正常工作和生活的前提下（大概很少有人情愿用假期或周末来禁食吧）。

隆戈和同事们提出的解决方案是所谓的"模拟禁食饮食法"。顾名思义，模拟禁食饮食法，就是用少进食来模拟完全禁食。此禁食法须持续 5 天，其间只吃少量饭菜，且这些饭菜热量要很低，但脂肪含量要高。其目的在于欺骗身体，让它认为是在燃烧自身脂肪产生热量，而不是吃了其他东西。隆戈建议健康人群偶尔使用此禁食法。

* * *

想到长时间禁食，有些人不免担忧，这并非杞人忧天。一些人群，比如儿童、孕妇、病人和老人，显然不适合长时间禁食。不过，对健康的成年人来说，禁食几天是完全没有问题的，只要记得多喝水就好。一般来说，人类可以在没有氧气的情况下存活3分钟，没有水的情况下存活3天，没有食物的情况下存活3个星期。当然，最后一条是存在个体差异的。如果体内贮存了足够的脂肪，还能再存活很多天。

长时间禁食的世界纪录保持者是苏格兰人安格斯·巴比里。巴比里27岁时，体重已高达207千克。他知道再不改变就要面临英年早逝的风险，所以迫切地想减肥。当时正值20世纪60年代，禁食减肥研究层出不穷。其逻辑基本是：停止进食，直至达到理想体重为止。

巴比里决定试一试禁食减肥。他来到家乡附近邓迪市的玛丽菲尔德医院，向医生提出要禁食。医生见他主意已定，便同意在禁食期间对他进行健康监测。

起初，巴比里只打算短期禁食；但渐渐地，他越来越执着于达到理想的体重。医生同意他继续禁食，但要他服用复合维生素丸，以避免身体内的微量元素不足。除此之外，严重超重的巴比里需要补充的东西并不多，他体内有足够的"燃料"维持机体运转。

禁食从几星期延长到了几个月，巴比里坚持不懈，一心要达到 82 千克的理想体重。最终达成目标时，巴比里已经禁食了 382 天，即 1 年零 17 天没有进食。更令人惊讶的是，巴比里的体重后来没有反弹。5 年后医生再找到他时，他的体重只增加了 7 千克。

请注意：无论超重到什么程度，都不建议禁食时间过长。如今人们不再使用巴比里的减肥方法，这正是由于在他之后，曾有进行同样尝试的人因为禁食死亡了。

安全因素之外，最常见的反对禁食的理由是肌肉流失。如果持续禁食，身体处于饥饿状态，就会分解肌肉。在长期禁食的情况下，机体新陈代谢的速度确实会变慢，而且最终会燃烧肌肉以获取能量。不过，这不是禁食一两天就会发生的事。研究表明，隔日禁食法等短期禁食不仅不会抑制新陈代谢，还会促进新陈代谢及脂肪燃烧。这种现象在进化上是解释得通的：缺乏食物时，动物必须四处觅食。也就是说，活动量会增加，而不是减少。

研究还表明，开始进行力量训练并同时限时进食的人，与进行力量训练但正常饮食的人相比，肌肉量的增加并无明显增加。同一项研究中，受试者在八星期的测试期内隔日禁食。结果显示，他们体内的脂肪量减少了，但肌肉量并没有下降。

再来杯咖啡

研究表明，每天喝几杯咖啡的人（2~4 杯）比完全不喝咖啡的人死亡率低。并不是说喝咖啡这一行为一定会造成这样的差异，但可以想见，至少在某些方面，咖啡也许是有积极作用的。首先，咖啡因抑制食欲，而轻食有益健康。有些人在禁食期间甚至会饮用咖啡来缓解饥饿感。而且，不加牛奶、糖和奶油的话，咖啡是不含卡路里的。此外，研究也显示，饮用低因咖啡也能延长寿命。所以，也许喝咖啡还有其他增进健康之处。

第二十章
「货物崇拜」
式营养学

Chapter 20

Cargo
Cult
Nutrition

通过卡路里限制来延年益寿，当然是不错的选择。不过，人到底还是要吃饭。问题是，怎么吃才好呢？

坊间流传的"健康"饮食法如此之多，我们一辈子也试不完。低碳水饮食法、低脂肪饮食法，要么纯素食，或者原始人饮食法、生酮饮食法、地中海饮食法，再不然试试小熊软糖饮食法。

初涉营养学领域时，人们往往很容易就能下定决心选择一种新的饮食法，并对其功效满怀信心。你也许会遇到一位看似权威的大师，传播某些耸人听闻的"知识"。比如，烟熏肉实际上是有益健康的，这项研究就可以证明！乍看上去，"这项研究"当然足够可信——报告里有漂亮的图表和花哨的词汇。大师告诉你：不必担心，我的数据清清楚楚地显示熏肉是健康的，只是别人还不知道罢了。

某天，你一边大嚼烟熏肉，一边跟家人争论它是否有碍健康。你试图找出那份研究报告，给持不同意见的家人上一课。不过，在查找过程中，你发现了另一项研究，其结论刚好相反——烟熏肉可导致心脏病发作。新发现的研究引用了很多文献，顺藤摸瓜，你又遇到了另一位听起来更有说服力的大师。大师看似实事求是地解释说：烟熏肉是头号不健康食品，谁吃谁早死。你推开面前盛着烟熏肉的盘子，纳闷自己之前怎么会那么愚蠢。

几个月过去了。一天晚上，你浏览新闻时又发现一篇新文章，标题是"新研究显示：烟熏肉可能有延年益寿之功效"。文章采访了一位言之凿凿的大师，后者解释了为什么之前的烟熏肉研究是有缺陷的。这位新大师的新研究纠正了前人的错误，证实烟熏肉是极健康的食品。新大师说，起初他也持怀疑态度，但自从采用全烟熏肉饮食后，他的体重已经减掉了大约 45 千克，现在强壮得可以仰卧推举一辆小型家用轿车！

上述描写的确是夸张了一些，但众所周知，营养科学的世界实在令人难以捉摸。同样的食物，今天是健康食品，明天按照另一种说法就变成垃圾食品或好坏参半了。并且，都不用查阅太多资料，你就会发现似乎每种食品都能致癌。

营养学研究中经常出现这种自相矛盾的现象，原因很多。其中最明显的就是，一些研究是由食品公司资助的。令人"惊讶"的是，由食品公司资助的研究，结论往往对其产品有利。

不过有些时候，"万恶的"食品公司并不是罪魁祸首，我们消费者才是。比如，若有一项研究显示食用巧克力有益健康，其成果将被大肆宣扬。与之相对，其他20项研究得出的结论都是"食用巧克力不利于健康"，却无一例外被忽略了。令人愉悦且容易执行的结论往往更易于被人们接受，所以我们的大脑会抓住一切机会，将多吃巧克力这一行为合理化。正如著名物理学家理查德·费曼所说："首要原则是不要欺骗自己——欺骗自己是最容易的。"

如果希望依靠饮食来延年益寿，除上述显而易见的误区之外，还有一些相对微妙的问题需要注意。

* * *

第二次世界大战期间，美军和日军分别在南太平洋的若干岛屿上建立了空军基地。对当地岛民来说，这是他们第一次近距离接触现代世界，而这个世界令他们感到震惊。千百年来，太平洋岛民照料庄稼和牲畜、建造房屋、手工制造武器。他们所拥有的一切，都是辛勤劳作换来的。而那些外来者有无穷无尽的食物、衣服、药品，还有超乎想象的仪器设备，千奇百怪的东西源源不断地从天而降。他们会举行某些仪式，比如来回走动、互相大喊、向天空挥手，然后巨大的飞机就出现了。飞机上装载的货物比岛民几辈子的生产成果加起来还要多。只有强大如神灵，才能赐予人类如此丰富的物资。

战争结束后，外来者撤走了，珍贵物资也跟着一起消失了。

岛民们热切地期盼飞机再次降临。但如何才能召唤到飞机呢？他们试图模仿外来者的奇特仪式，以期得到神灵的眷顾。他们清理了森林中的飞机跑道，举着竹枪在跑道上来回走动，还用椰子和稻草制作了耳机和对讲机，甚至用木头搭建了办公室、塔台和飞机。这些"仪式"最终发展成若干宗教派别，被人类学家统称为"货物崇拜"。其中一些教派至今依然存在。信徒们坚信，终有一天，他们的仪式会引起神灵的注意，满载货物的飞机会再次降落。

货物崇拜教信徒所采用的做法是人类常用的学习技巧之一——模仿成功人士。在我们的现代社会中，有些人可能会模仿他们崇拜的体育明星、音乐家、商业人士的一切言行。这些成功人士获得成功的原因并不总是显而易见的，因此，无论他们的习惯是凌晨4点洗冰水浴、如饥似渴地阅读，还是只穿黑色高领毛衣，想获得类似成功的人模仿他们的一切言行也是情有可原的。不过，如果不弄清楚成功的"原动力"，模仿的可能只是一些无关紧要的皮毛而已，就像货物崇拜教一样。

在营养学领域，类似货物崇拜的错误不断上演。人们为获得长寿的秘诀而效仿长寿老人的生活模式，但最终学到的往往只是一群富裕且受过良好教育者的表面特征而已。大体上说，富裕且受过良好教育的人比贫穷而缺乏教育的人长寿；与只有高中学历的人相比，有大学学历的人平均寿命要多出几年。世界上每个国家都是如此，而且随着时间推移，这种差距在不断扩大。

为什么会产生这种差距呢？因为富有且受过良好教育的人往

往更严格地遵守健康的生活模式。其中的理论内因暂且留给社会学家去探究，单就事实来说，越富有、教育程度越高的人，越有可能定期锻炼、接种疫苗、不吸烟、维持健康的体重。这些真正有益健康的习惯自然是值得学习的。不过，我们如何才能从富裕且受过良好教育者的所有日常习惯和特征中，将真正有益健康的因素筛选出来呢？

举例来说，在教育程度较高的人群中，戴眼镜的现象更为普遍。如果有一项研究试图找出与长寿相关的特征，"戴眼镜"很可能会被认定为其中之一。但事实上，戴眼镜与长寿毫无关系。随机从街上挑选一些人并让他们佩戴眼镜，并不会使他们的寿命延长。我当然也不会建议大家为了长寿而刻意损害视力。

你可能听说过"具有相关性并不意味着具有因果关系"这句话。两个相关联（甚至是紧密关联）的事物，不见得是其中之一导致了另外一个的发生。这就好比南太平洋岛民们观察到，对着天空做手势和飞机的到来之间存在着紧密的关联，但实际上，做手势这一行为本身并不会导致飞机的到来。同样，一天中，中暑导致的死亡人数与该日冰淇淋的销售量紧密相关，但这并不意味着食用冰淇淋会致人中暑而死。冰淇淋销售量的上升和中暑死亡人数的增加都是由高温引起的，二者之间并不会相互影响。

阳光明媚的南加州洛马林达镇，就是长寿"货物崇拜"的实例。洛马林达是"蓝色宝地"，当地居民因为长寿而成为众多研究的对象。洛马林达人多是基督复临安息日会教徒，因信仰原因而茹素。他们茹素的饮食习惯最初是受约翰·哈维·凯洛格的启发，大概很多读者都吃过凯洛格公司生产的早餐吧。[1] 经过几十年的研究，科学家们达成共识：素食可以使人增寿约三年。在洛马林达镇，纯素食者寿命最长，素食主义者[2] 其次，之后是半素食者，最后才是肉食者。

你可能已经猜到了：在上述由统计数字得出的结论背后，其实隐藏着更多东西。纯素食和素食主义多在富裕及受过良好教育的人群中流行。例如，大学城的素食店数量远多于拖车式活动板房聚居地的。奉行纯素食和素食主义的人通常也有许多其他健康习惯，比如超过平均水平的体育锻炼，较少吸烟、饮酒，体重在健康范围内。与寿命长短相对应，洛马林达居民中，纯素食者的平均身体质量指数（BMI）为 23，素食主义者为 25.5，半素食者为 27，而肉食者为 28。造成寿命长短差异的难道仅仅是吃肉吗？

流行病学家很清楚其中的问题所在，设计出几种可能的解决方案。其中最常见的是在对比各组人群之前，将他们健康状况的差异记录下来。例如，在对比素食者和肉食者的寿命之前，减去体育锻炼、烟酒、体重所造成的差异。由此，可以得到两组类似的虚拟人群，然后再进行比较。在这种比较之下，素食与长寿就不再相关了。

----

[1]　基督复临安息日会曾在密歇根州建立一所疗养院，约翰·哈维·凯洛格出任院长。为促进病人痊愈，他在家人的帮助下发明了早餐玉米片。凯洛格的弟弟维尔·凯斯·凯洛格将玉米片投放市场，并成立了凯洛格公司（即家乐氏）。家乐氏玉米片已成为欧美国家流行的早餐食品。——译者注
[2]　"纯素食"指不吃任何肉类及动物相关制品，如蛋、奶等；"素食主义"只是不吃肉、鱼等，可吃蛋、奶。——译者注

红酒是另一个很好的例子。很多研究声称饮红酒与长寿呈正相关，并由此得出"红酒有延年益寿之功效"的结论。随后，又有很多研究忙于寻找红酒延年益寿的根源，将其归因于红酒中的各种分子。不过，可想而知，偏好红酒的人群中，富裕且受过良好教育者占有极高的比例。也就是说，与之前讨论的素食者一样，红酒饮用者同样有低于平均水平的 BMI 和高于平均水平的健康生活习惯。所以，很难说令他们更健康的是红酒，还是其他生活习惯。

＊　＊　＊

　　要评估某种食物或习惯是仅与健康相关联还是的确有促进健康的作用，黄金法则是采用"随机对照试验"的测试方法。在之前的章节中，我们已多次提到这种方法。进行随机对照试验时，研究人员将研究对象分为基础指标基本相同的两组，对其中一组进行干预（比如服用药物、按照一套新动作锻炼、采用新的饮食策略等），对另一组只使用安慰剂。经过适当的时间后，观察两组研究对象是否产生了某种差异，比如寿命长短或患某种疾病的概率等。

　　举例来说：人们注意到，摄入菠菜多的人往往肌肉发达。那么，要弄清菠菜与肌肉生长是否存在因果关系，就可以用随机对照试验来判断。首先，要找一群愿意作为测试对象的人。然后，将他们分为两组，其中一组在接下来的几个月中每天坚持吃菠菜，另一组饮食起居照常。跟踪对比两组测试对象，看他们的肌肉生长是否出现差异。

虽然随机对照试验比仅寻找相关性要困难得多，但经过多年积累，以随机对照试验模式完成的调查仍是数量惊人的。这其中既包括检验活的寄生虫能否治疗过敏、海藻蛋白能否治疗失明的试验，也包括现代医学最关注的种种测试，特别是两种营养补充剂。人们用随机对照试验测试了这两种补剂与几乎所有生理指标的相关性，其中就包括是否具有延年益寿的功效。

其中之一就是鱼油——准确地说，是 Omega-3 脂肪酸。Omega-3 脂肪酸是一组具有重要生理功能的不饱和脂肪酸。它是细胞膜的组分，也是合成一些重要化合物的原料。人体主要从食物中摄取 Omega-3 脂肪酸。Omega-3 脂肪酸含量最丰富的食物是肥美的鱼类，比如鲑鱼、鲭鱼和鲱鱼。多项研究发现，大量食用鱼类与长寿相关。人们猜测，其中起作用的就是 Omega-3 脂肪酸。观察发现，一个人血液或细胞膜中的 Omega-3 脂肪酸含量越高，往往就越长寿。

在此，我们又得启动新一轮去伪存真行动了：富裕且受过良好教育的人的鱼类食用量是不是比其他人更多？鱼和长寿的关联性是通过富裕且受过良好教育者形成的吗？毕竟，高级餐厅的海鲜菜肴肯定比快餐店的多。研究显示，在健康专家几十年来的不断鼓吹下，富裕且受过良好教育的人群也确实消费鱼类最多。要弄清吃鱼与长寿是否存在因果关系，仅有关联性研究是不够的，还得进行随机对照试验才行。

很多人天真地相信鱼油对健康大有裨益，但针对鱼油的随机对照试验表明，鱼油对健康的益处远比我们认为的小得多。鱼类食品与健康长寿之间显现出关联性，主要是由于富裕且受过良好教育的人群食用鱼类更多造成的。至于鱼类本身，与健康长寿并没有很强的因果关系。当然，公平地说，也不能完全抹杀鱼类的积极作用。如果带着对鱼类满腔的爱意刻意寻觅，在随机对照试验的数据中也能搜索到一点儿鱼油补充剂的潜在益处。它们似乎能降低罹患心脏病及心脑血管系统疾病的风险，尤其在高剂量服用时。

鱼类鲜美可口，服用鱼油补充剂也不过是举手之劳，所以就算将它们纳入"延年益寿饮食计划"也无伤大雅。起码在基于数百万人的研究中，没有哪一项表明吃鱼是有害的。换个角度说，多吃鱼最糟最不过就是没有额外的益处而已。不过，正如我们一直强调的，摄入食物本身总比补充剂好。就鱼类和鱼油而言，鱼类可能有鱼油并不具备的其他保健作用。当然，作为食品，鱼相对昂贵，而且坦率地说，如果您的厨艺水平跟我差不多，也很难烹饪得美味。

选购鱼油补充剂时，请重点关注其中的 Omega-3 脂肪酸含量。有些鱼油的 Omega-3 脂肪酸含量很少，还有些质量不过关，甚至含有污染物。鱼油补充剂市场可谓是处处陷阱。

选购鱼类和其他海产品时，也可能遇到猫腻。一些调查的结果令人哭笑不得：许多餐厅和超市挂羊头卖狗肉，所卖的鱼根本不是他们宣传的那一种。鱼类供应链中的某些人大概认为消费者对鱼类一无所知，所以直接用便宜货掉包了高级鱼。例如，某项研究调查发现，在多个国家的水产品市场销售的所谓"鲷鱼"中，有 40% 根本不是鲷鱼。另一项研究发现，在美国洛杉矶市测试的鱼类寿司中，所用的鱼肉多达半数名不副实。还有一项研究发现，新加坡市场上的许多"虾球"完全不含任何虾类，而是冒名顶替的猪肉球。

* * *

如果说鱼油是营养补充剂界的"王子"，那么维生素 D 就是"国王"。关于维生素 D 的研究太多了。多到什么程度呢？我迫不得已将它们全看一遍，你一定觉得我可怜。

同前面的例子一样，从表面看，两者的关联一清二楚——低维生素 D 水平与短寿高度相关。然而，正如我一直在反复强调的，这不代表它们之间存在因果关系。事实上，有很多理由相信，低维生素 D 水平并不会导致短寿。

首先，所谓"维生素 D 水平低导致短寿"是本末倒置。事实证明，很多疾病会导致维生素 D 水平降低，而不是维生素 D 水平降低引发了疾病。也就是说，疾病是"因"，维生素 D 水平降低才是"果"。

其次，又是那个令人懊恼的问题——穷人的维生素 D 水平往往比富人低。

再次，维生素 D 是一种脂溶性维生素（或者说是一种激素）。

饮酒有害吗？

过量饮酒无疑是对健康极为不利的行为。不过，保健界一大谜团是：小酌几杯有益健康吗？或者退一步讲，少量饮酒是否至少对健康没有害处？在酒精摄入量与长寿的相关性研究中，得到的曲线是"J"字型的，看起来有点像兴奋效应。也就是说，似乎少量饮酒的人比完全不饮酒的人活得更久（当然，过量饮酒的人比这两者都要短寿）。人们也情愿相信小酌益寿。毕竟，谁不希望这种美事是真的呢？也正因如此，适量饮酒有益健康的说法广为流传。不过，广为流传的说法，往往有待商榷。

上述研究的问题是，在划为"完全不饮酒"的测试对象中，很多人曾经是酗酒者。即使这些人在参加测试时已经成功戒酒，但长期酗酒的经历仍给他们的身体留下许多持久性的损伤，他们的预期寿命也不可逆地缩短了（当然，亡羊补牢，为时未晚。成功戒酒者的健康状况要远好于持续酗酒的人）。因此，研究中的所谓"完全不饮酒者"其实是由向来不饮酒的人和曾经酗酒的人混合组成的。如果移去曾经酗酒者的数据，就会发现小酌的"好处"消失了——完全不饮酒者到底还是比轻度饮酒者寿命长。

当然，公平地说，饮酒量只要保持在每星期 5 杯以下，和完全不饮酒之间差别也不大。

脂肪量过高的人，维生素 D 水平通常较低。这可能是由于维生素 D 陷入了脂肪的"汪洋大海"。换句话说，体重超标可能会导致维生素 D 水平降低，而体重超标也会引发若干疾病。

听起来像是"鸡生蛋还是蛋生鸡"式的难题。要厘清因果，必须采用随机对照试验。科学家们跟踪监测服用维生素 D 补充剂的人，看他们是否比其他不服用该补充剂的人健康。

尽管我们对维生素 D 满怀爱意，但从结果中也很难找到其有益健康之处。综合各项研究的成果，科学家发现，维生素 D 补充剂既不会降低死亡风险，也不会降低罹患老年病的概率。为长寿起见，还是把买维生素 D 补充剂的钱用在别处吧。

Chapter 21

Food
for
Thought

第二十一章

三思而「食」

在人体碳水化合物的代谢中，淀粉酶发挥了关键作用。唾液和消化系统分泌淀粉酶，帮助消化降解面包、米饭、土豆等食物中的淀粉。淀粉酶对处于"农耕"式饮食结构中的人特别重要。当人类经过"狩猎－采集"阶段、定居下来开始农耕生产后，对个体的生存和健康来说，消化淀粉能力的高低就变得举足轻重了。至今，在人类的基因中，仍能找到这种饮食结构转变所留下的影子。

在进化过程中，人类获得了多个拷贝的淀粉酶基因（有趣的是，犬类也是如此）。虽然所有拷贝的功能都是指导合成淀粉酶，但同时拥有多个基因拷贝有助于更快更好地合成淀粉酶，从而增强消化淀粉的能力。

从进化的时间维度来看，人类进入农耕社会的历史并不久远，且世界各地开始农耕的时间也不尽相同。因此，并不是所有地方的人都适应了农耕式饮食。例如，科学家发现，有些人的淀粉酶基因拷贝多达 10 个以上，但有些人只有 2 个。一般来说，农耕历史较长的人群，比如欧洲人和东亚人，拥有淀粉酶基因的拷贝数相对较多。不过，即使在欧洲人和东亚人中，也有淀粉酶基因拷贝数较少的个体。这些个体对高淀粉饮食的适应性就要差一些。

淀粉酶虽然只是人体新陈代谢中很小的一环，但它很具有代表性。其他一些基因中也存在类似的遗传差异不均衡分布现象，一个典型的例子就是乳糖酶。乳糖是最初在乳类中发现的糖。起初，只有婴儿能够消化乳糖，这让他们得以靠吸食母乳为生。几千年前，若干基因突变类型的出现使成年人也拥有了消化乳糖的能力。这种能力对以"狩猎 – 采集"为生的人无甚用处，因为他们几乎没有机会得到牛奶。不过，对以农耕为生的农民来说，能够依赖牛奶生存是千金难买的天赋。

这些乳糖酶基因突变类型的起源地，就位于我的家乡丹麦一带。今天，几乎所有丹麦成年人都能消化乳糖。不过，这种突变类型还没有足够的时间扩散开去，所以距离北欧越远的地区，乳糖耐受的人就越少。对农耕社会的人来说，能够消化乳糖是明显的遗传优势——他们有更多的能量来源，存活能力更强，产生的后代也会更多。如果人类社会没有实现现代化，耐受乳糖的性状无疑会继续传播下去。不过从目前的情况看，乳糖耐受的分布是不均衡的。"汝之蜜糖，彼之砒霜"，同样是牛奶，对有些人是健康的钙质来源，对另一些人则会引起剧烈腹泻。

　　有时候，不同的人群甚至会拥有功能完全相反的基因变异类型。以脂肪酸去饱和酶 FADS1 和 FADS2 的基因为例。在人体中，这两个基因负责编码与长链多不饱和脂肪酸合成相关的酶。在众多名字拗口的长链多不饱和脂肪酸中，就包括若干种 Omega-3 脂肪酸。几千年来，居住在格陵兰岛的因纽特人饮食中鱼类的比重都非常大。鱼类为他们提供了大量 Omega-3 脂肪酸。既然食物中富含这种物质，因纽特人就没必要依靠自身大量合成 Omega-3 脂肪酸了。因此，因纽特人脂肪酸去饱和酶基因突变的频率特别高。这些突变降低了他们自身合成 Omega-3 脂肪酸的能力。与之相对的，在素食传统悠久的印度浦那，大多数当地人拥有可提高机体合成长链多不饱和脂肪酸能力的 FADS2 基因变异类型。素食者从食物中获得的长链多不饱和脂肪酸非常有限，所以较强的自身合成能力就变得尤为重要了。

　　那么，到底什么样的饮食策略才是健康的呢？是多喝牛奶，多吃低碳水化合物，还是多吃素食？其实，这取决于每个人的遗传特质。你的朋友可能在尝试过素食后获得了非常好的效果，但对你而言低碳水化合物饮食更胜一筹。即使所采用的饮食策略完全相反，也不意味着你或你的朋友提供了虚假信息，或是你们的健康程度有差异。这只是因为你们的遗传特质不同罢了。

* * *

　　人们在保健上所做的很多努力其实都是盲目的。一些东西据说有益健康，我们也期待果真如此，但很多时候事与愿违。对一个人有益的东西，不见得对另一个人也有帮助。比如，若某项研究得出"吃菠菜可以使肌肉质量增加25%"的结论，这只是平均而言，并不意味着每个多吃菠菜的人都能够增长25%的肌肉。同样是吃菠菜，有些人增加的肌肉可能多些，有些人可能少些，有些人甚至不增反减。个体之间并不总是具有可比性，这也是为什么盲目地采用某种保健方法经常会失败的原因。与其盲目跟风，不如去测试一下自己的身体状况，并量身制定适当的保健策略。例如，在吃菠菜时，可以同时测量和记录它如何影响自己的肌肉质量、力量，以及一些血液生理指标。通过综合分析测量所得的各种数据，我们可以制定出最适合自己的饮食策略、运动习惯和生活方式。

由于技术和经济方面的障碍，人们尚不能大规模搜集自身的保健数据。有些限制来自知识的缺乏。比如在理解遗传特质时，虽然可以通过所谓"基因组测序"来"读取"基因，但要解读这些序列是很困难的，相关研究目前尚处于初期阶段。还有些限制在于虽然知道如何做，但执行起来非常麻烦。例如，大多数生理指标仍需要通过抽取血液来测定，比如激素水平、代谢物、维生素及炎症标志物等。频繁测量这些生理指标的成本极高。如果诸位读者在这些方面有专长和兴趣，强烈建议您多测量、多记录。这既能利己，又能利人——积累更多关于人体的数据，可能会开启一场保健革命。

在前面的章节中，我们曾经讨论过，准确的生理时钟是长寿研究的"圣杯"。也就是说，找到一种可以随时帮助我们确定机体老化程度的生物标志物，将对长寿研究产生极大的助力。目前，应用最广的两种生理时钟是端粒时钟和表观遗传时钟。在研究大的群体样本时，这两种生理时钟都很有效。但不幸的是，至少到现在为止，对具体的个体来说，这两种时钟都不够精确。

当下，性价比最高的策略是利用比较方便易得的生物标记物。体重就是明显的选项之一——众所周知，超重甚至肥胖是巨大的健康隐患。一些血液生理指标也值得关注，不过这就需要医生的介入了。下一章，我们就来看看血液中的生物标记物。

第二十二章

从中世纪修士偏方到现代科学疗法

在前面的章节中我们讨论过，延长秀丽隐杆线虫寿命的最佳方法是阻断其体内线虫版本的胰岛素样生长因子-1（IGF-1）基因的表达。当然，该基因的人类版本才叫"IGF-1"，线虫版本的名字是"daf-2"。daf-2不只有IGF-1的功能，还兼具胰岛素的功能。

与IGF-1一样，胰岛素也是一种促生长激素，但胰岛素的主要作用是调节血糖。当人体摄入碳水化合物时，消化道中的酶会将其中大部分各式各样的糖降解为单糖——葡萄糖。葡萄糖进入血液后就是"血糖"，血糖是人体细胞的能量来源。胰岛素在细胞使用血糖的过程中发挥重要作用。进餐后，血糖上升，胰腺分泌胰岛素。细胞感受到胰岛素信号后，便开始吸收血液中的糖。你可以将胰岛素想象成一把小小的钥匙，它能够打开细胞的大门，让血糖进入。用胰岛素调控血糖的机制不仅保障了细胞的能量来源，还避免了餐后血糖飙升。血糖过高会损害血管，避免其发生是非常必要的。有时，即使细胞不需要能量，大门也会被打开，目的就是降低血糖。脂肪细胞是吸收多余的糖的主力，它可以将糖转化为脂肪储存起来。即便如此，血糖有时仍然会过高，那么就只能通过尿液排出了。

从古埃及时代开始，就有医生记录，有些病人总是口渴、疲劳，且有大量排尿的倾向。不知通过何种机缘，有不少人发现这种病人的尿液往往带有甜味。我们现代人知道，他们其实就是糖尿病患者。在我的母语丹麦语中，糖尿病被称为"糖病"。口渴、疲劳及大量排尿，都是病人的身体为降低血糖做出的努力。患糖尿病后，人体内的胰岛素不能有效降低血糖，这才使得机体为降低血糖而拼尽全力。

有一种糖尿病是自身免疫性的，即免疫系统错误地杀死了合成胰岛素的细胞，这种类型的糖尿病叫作"1 型糖尿病"；还有一种糖尿病是由不健康的生活方式导致的，叫作"2 型糖尿病"。2 型糖尿病患者体内能够合成胰岛素，但他们的细胞对胰岛素的反应不够灵敏。这就好比钥匙不能再打开大门了。在超重和大量食用过度加工食品的人群中，2 型糖尿病尤为常见。

2 型糖尿病是一种疾病，但实际上在健康人群中，所谓的"胰岛素敏感度"也存在不同程度的差异。同样是降低血糖，不同人需要的胰岛素量却是不同的。你可以将胰岛素敏感度想象成一个光谱：一端是运动员的细胞，它们对胰岛素非常敏感，只需要一点点就能达到降血糖的目的，所以机体维持低胰岛素水平即可；另一端是糖尿病患者的细胞，即使有大量胰岛素，这些细胞也没有什么反应，所以机体要维持很高的胰岛素水平。

我们知道阻抑秀丽隐杆线虫的促生长因子合成能够延长其寿命，据此推断，对胰岛素敏感的人，即合成较少胰岛素就能维持正常血糖水平的人，应该更长寿。科学家们也确实观察到百岁老人对胰岛素更敏感，能够有效控制血糖。小鼠模型也得出了类似结果：阻断作用于脂肪细胞的胰岛素信号分子能使小鼠的寿命延长。

胰岛素的需求量及血糖水平往往随着年龄的增长而增加，罹患糖尿病的风险也是如此。20 世纪 90 年代，瑞典科学家斯塔凡·林德伯格想弄清这种趋势是否是必然的。林德伯格当时正在研究巴布亚新几内亚基塔瓦岛的居民。基塔瓦岛是一座林木茂密的热带岛屿，居民的传统饮食以山药、芋头、水果和椰子等当地作物为主，辅以少量鱼类。这种饮食的碳水化合物含量高达 69%。可能有人会天真地认为，这样的饮食结构意味着基塔瓦岛居民的血糖和胰岛素水平一定偏高。

林德伯格分别收集了普通瑞典人和基塔瓦岛居民的血样，试图通过比较两者来验证这一假设。他发现，尽管基塔瓦岛居民的饮食中碳水化合物含量较高，但他们血液中的胰岛素水平比一般瑞典人还低。瑞典人的血液胰岛素水平随着年龄增长而上升，基塔瓦岛居民却没有这种变化。总的来说，岛民的健康程度非常高。林德伯格在岛上只找到了两个超重者，而且这两人还都是刚刚回来探亲的。他们早已从岛上搬走，到大陆上的大城市定居、经商去了。

基塔瓦岛居民的例子证明，碳水化合物本身不会导致机体胰岛素敏感度出现问题。如果能像基塔瓦岛居民一样维持健康的体重，并且摄入的碳水化合物是未经加工的（而非糖果之类的深加工食品），那么一个人即使采用高碳水化合物的饮食方式，也可以保持良好的胰岛素敏感度和健康程度。不过，在现实中，大多数人无法一直维持基塔瓦岛式饮食，并且人们在吃同样的食物时，无论是麦片还是糖果，血糖峰值也可能存在很大差异。这也许是遗传因素导致的，也许还有消化道微生物组的因素（某些种类的肠道细菌与血糖峰值之间存在着奇特的关联）。如果想找到适合自己的健康饮食策略，最好是尝试不同的饮食方式及食物，然后测量血糖水平和胰岛素敏感度，再加以比较。

要想像基塔瓦岛居民一样健康，还有一个省时又不依赖器械的办法，就是养成早已经过验证的好习惯。其中的最佳选择就是饭后锻炼，或者哪怕只是饭后动一动也好。血糖的主要目的地是肌肉。让肌肉动起来，对降低血糖峰值事半功倍。即使只是饭后短距离散步或者做一些不借助器械的自体重运动，对健康也是大有裨益的。

当然，控制血糖还有更激烈的方法。其中最引人瞩目的，发生在中世纪修道院的花园里。

* * *

如果生活在中世纪的人出现糖尿病的症状，比如持续口渴、疲劳、尿频等，那么他可能会被带到修道院的修士面前。询问过病情后，这位修士会从花园中采摘一种美丽的紫花灌木，磨制成药剂给病人服用。这种多年生的灌木叫作"法国丁香"，也叫"山羊豆"。用它治疗糖尿病可不是骗人的"玄学"。法国丁香中含有一种能够降低血糖、缓解糖尿病症状的物质。这种物质后来被开发成药物，就是"二甲双胍"。自1957年被正式批准使用后，二甲双胍就是全球应用非常广泛的糖尿病药物之一。直到今天，我们仍然在使用它来治疗糖尿病。

　　默默无闻做了几十年糖尿病药物后，二甲双胍忽然在抗衰老舞台上大放异彩。在一项现在已经广为人知的研究中，科研人员对比了三组人的寿命：健康人、服用二甲双胍的糖尿病患者，以及服用其他药物的糖尿病患者。与预期相同的是，大多数糖尿病患者的寿命低于平均值，但与预期明显不同的是，服用二甲双胍的患者的平均寿命竟然比健康人还长。也就是说，使用二甲双胍后，寿命受到疾病负面影响的人仍然比健康的对照组寿命长。这是否意味着人类找到了首个抗衰老药物呢？

　　一个可能会令你感到惊讶的事实是：虽然知道二甲双胍的作用是降低血糖、改善胰岛素敏感度，但它到底是如何作用的，科学家们并不清楚。在没弄清作用机制的情况下，二甲双胍就在几十年前被作为药物批准使用了，之后每天都有数百万人服用它。

　　关于二甲双胍的作用机制，最广为接受的理论是：二甲双胍激活了一种叫作"腺苷酸激活蛋白激酶"（AMP activated protein kinase，简称 AMPK）的物质。AMPK 就像细胞中的能量传感器。正常情况下，当细胞缺乏能量时，AMPK 被激活，使细胞进入节能模式。这种节能模式类似于细胞受卡路里限制时的状态。服用二甲双胍时，即使细胞不缺乏能量，AMPK 也会被激活，细胞也随之进入节能状态。因此，二甲双胍支持者认为，服用二甲双胍的作用机制类似于借助药物模拟卡路里限制。

另一个理论是，二甲双胍的作用对象不是人体，而是人体消化道中的细菌。给小鼠服用二甲双胍，可以提高其胰岛素敏感度。转移肠道细菌也可以达到相同效果：将服用了二甲双胍的小鼠的肠道细菌转移给从未服用过二甲双胍的小鼠，同样会提高后者的胰岛素敏感度。

上述两种理论可能都是正确的，即二甲双胍也许通过两种独立的途径延缓衰老。同时具有多重作用的药物也十分常见。实际上，人体如此复杂，要一种药物不具有多重效果几乎是不可能的。在药物研发的初期，科研人员们往往会祈祷新药的额外效果不会导致不必要的副作用。

还有一种理论是二甲双胍能够抑制炎症。不过在我看来，这个作用反而使二甲双胍成为麻烦制造者。抑制体内炎症虽然听起来是一件好事，但需要注意，炎症，甚至机体对损害的所有不良反应，不见得是坏事。当然，如果你因为以薯片和汽水当主食而严重发炎，缓解一下肯定是好的。但在正常情况下，炎症是兴奋效应的关键诱因之一。例如，运动后的炎症水平升高，是启动一连串有益健康的级联反应的信号。如果二甲双胍能够抑制炎症，那么它也会抑制运动的积极作用。当不经常运动的人开始锻炼并同时服用二甲双胍，那么与不服用二甲双胍时相比，其收获的耐力和肌肉质量会降低，由运动带来的关键的细胞适应性变化也会缺失。

尽管如此，一些知名的科研人员和技术人员仍对二甲双胍的抗衰老功效深信不疑，坚持在没有糖尿病的情况下服用它。这些人都是聪明人。不过，我仍然不推荐非糖尿病患者服用二甲双胍。我认为通过锻炼获得健康的价值更高。因为一项孤立研究所得出的结论，就放弃通过运动来改善健康的机会，是不明智的。孤立研究的结论可能是错误的。导致错误的原因也许是巧合、误差、误解，甚至是实验室提供的咖啡不足或时运不济。就个人而言，我只有在掌握更多数据之后，才会去考虑服用具有潜在副作用的糖尿病药物。

幸运的是，二甲双胍支持者坚信自己是对的，并积极宣扬他们的观点。目前，这些人正在组织一项更为严格的研究，在健康人身上测试二甲双胍的抗衰老效果。在这项即将进行的"二甲双胍抗衰"（Targeting Ageing with Metformin，简称 TAME）实验中，成千上万的美国人将被注射二甲双胍或安慰剂，以测定这种药物是否真的能够延长寿命、延长多少，以及花费几何等。让我们拭目以待吧。

Chapter 23

What
Gets
Measured
Gets
Managed

第二十三章

能测量，就能改善

人类在多种器官受损的情况下仍能生存。失去一个肾脏，死不了；失去半个肝脏，死不了；失去胳膊或腿，也死不了。不过，有两个重要的器官一旦发生病变，就攸关生死了，它们就是心脏和大脑。看看高致死率疾病的名单，这一点非常明显。在大多数国家，心脑血管疾病尤其是心脏病和中风，都是致死率最高的疾病。

心脑血管疾病研究领域的专家似乎都有掉书袋的毛病，总是把每个专业名词都弄得诘屈聱牙、难以理解。不过，既然我们想延年益寿，无论如何都得试着去领会了。

心脑血管疾病大多是由"动脉粥样硬化"引起的。动脉粥样硬化是动脉硬化的一个亚型，但又不能与动脉硬化混为一谈。

我们可以把动脉粥样硬化看作动脉壁上淤积的脂肪斑块，就像下水管道中逐渐积累起来的堵塞物一样。随着时间的推移（以及机体的衰老），淤积的脂肪斑块终可能引发问题；动脉有可能被堵塞；脂肪斑块上脱落的碎片也可能随血液流动到较细的血管，将其堵住。无论这两种情况中的哪一种，都会造成堵塞位点下游的组织缺氧，继而导致组织损伤或坏死。若堵塞发生在心脏，会造成心脏病突发；若发生在脑部，则会造成中风。这两种情况尤其危险。

在衰老过程中，动脉粥样硬化的形成并非必然，但其形成的风险无疑是逐渐升高的。年轻人很少会心脏病发作，但年轻时就出现动脉粥样硬化是可能的。朝鲜战争期间，美国医生惊讶地发现在阵亡士兵中，有近80%的人出现了冠状动脉脂肪斑块形成的迹象。这些士兵的平均年龄仅有22岁。甚至还有儿童，尤其是与吸烟者共同生活的儿童，血管中也可能出现脂肪斑块形成的早期迹象。

具有某些遗传背景的人，其动脉粥样硬化的形成过程会大大加快，比如"家族性高胆固醇血症"患者。"家族性高胆固醇血症"的英文名称为"familial hypercholesterolemia"，这是一个令所有像我一样的非英语母语者辗转难眠的生僻词。如果不加以治疗，家族性高胆固醇血症患者心脏病发作和中风的风险是普通人的5~20倍。未经治疗的男性患者中，半数在50岁之前就会心脏病发作；未经治疗的女性患者中，三分之一会在60岁之前发病。看来无论这种疾病给机体带来何种变化，我们都应设法向相反的方向努力。

家族性高胆固醇血症是由基因突变导致的。这种基因突变类型会降低肝脏清除血液中的低密度脂蛋白胆固醇（Low-Density Lipoprotein Cholesterol，LDL- 胆固醇）的能力。理论上讲，低密度脂蛋白是机体内一种运输脂肪的蛋白质，而 LDL- 胆固醇就是低密度脂蛋白中的胆固醇。我们可以将 LDL- 胆固醇简单地理解为"坏胆固醇"。家族性高胆固醇血症患者不能充分清除血液中的 LDL- 胆固醇，这导致他们的 LDL- 胆固醇水平比正常人高得多。有些患者由于血液中的 LDL- 胆固醇含量过高，眼睛上方甚至会出现明显的黄色沉淀。胆固醇是动脉壁上淤积的脂肪斑块的组成成分，所以，要说 LDL- 胆固醇与动脉粥样硬化的形成有关，可谓证据确凿。

　　另一种突变携带者的遗传属性则恰好与家族性高胆固醇血症患者相反。他们所携带的"前蛋白转化酶枯草溶菌素 9"（PCSK9）基因突变类型可使肝脏异常积极地清除血液中的 LDL- 胆固醇。因此，携带该突变类型的人血液中的 LDL- 胆固醇水平异常低，心脏病发作的风险也就相应地大大降低了。

　　上述两个案例进一步证实了科学家在普通人身上观察到的模式：人一生中的血液 LDL- 胆固醇水平越高，心脏病发作和中风的风险就越高。服用药物或改变生活方式来降低 LDL- 胆固醇水平，能够降低罹患心脑血管疾病的风险，且风险降低的程度与 LDL- 胆固醇减少的程度成正比。即使 LDL- 胆固醇水平的峰值在医学定义的正常范围内，上述结论依然成立。

　　尽管证据确凿，但还是有人极力寻找除胆固醇之外的心脑血管疾病致病因素。他们甚至提出一个看似缜密的阴谋论：胆固醇其实是无害的，邪恶的医药公司为了骗钱才编造了有关胆固醇的谣言。这种阴谋论对一些人很有吸引力，原因之一就是鸡蛋。鸡蛋好吃，但因为胆固醇含量高，曾惨遭卫生机构污名化。卫生机构的想法是：以鸡蛋的形式摄入大量胆固醇，可导致血液胆固醇水平升高，进而引起心脑血管疾病。不过，卫生机构近来已不再坚持这种说法。如果你喜欢吃鸡蛋，也可以松口气了。原因在于，我们不只从食物中获取胆固醇，也能够自身合成。事实上，人体中的大部分胆固醇都是自身合成的，而非从食物中摄取的。也就是说，吃进多少胆固醇与血液中的胆固醇水平并没有必然联系。如果摄入的食物中胆固醇多，身体就会相应少合成一些。

有一些案例相当戏剧化。比如，医生发现一位 88 岁的痴呆症患者多年以来始终保持着每天吃 25 个溏心水煮蛋的习惯。尽管摄入大量胆固醇且年事已高，他血液中的 LDL- 胆固醇水平却完全正常。如果不是看护泄露天机，医生们绝对猜不到这位老人像复活节兔子转世一样嗜食水煮蛋。

这位老人的秘密就是，他的身体已经适应了这种不同寻常的饮食习惯。医生们发现，尽管他摄入大量胆固醇，但其实只吸收了一点儿，其余的都排出了，而且他自身几乎不合成胆固醇。因此，在只吃鸡蛋的情况下，老人也维持了正常的血液胆固醇水平。

类似的结果也出现在 20 世纪 70 年代和 80 年代的一些研究中：医生尝试通过每天食用 35 个鸡蛋的方法来治疗严重烧伤的病人。在整个研究过程中，尽管病人摄入了大量胆固醇，但他们的血液胆固醇水平仍是正常的。

我并不是鼓励大家去尝试"全蛋"饮食，但鸡蛋健康又美味，而且研究表明适度食用鸡蛋（平均每天一个）根本不会增加患动脉硬化的风险。

当然，通过饮食来调节血液 LDL- 胆固醇水平也并非不可能。各位读者大概已经注意到了，本书很少以"吃了某种草药、蘑菇、植物就可以延年益寿"的形式提供建议，因为这样的建议几乎无一例外是错误的。在这里，我要破一次例：有充分证据显示，食用大蒜（包括大蒜和大蒜补剂制品）对健康有若干好处，其中就包括降低血液中的 LDL- 胆固醇水平。至于副作用，研究人员陈述如下："在积极治疗组的参与者中，大部分人都出现了大蒜体味、大蒜口气或大蒜味感。"尽管如此，我想吃大蒜还算是一个可以接受的习惯。

对降低血液 LDL- 胆固醇水平更有效的饮食技巧是多吃膳食纤维。早期人类食用的膳食纤维比我们现在多得多。以狩猎采集为生的古人和中世纪的农民比我们更用力地咀嚼食物，因为他们的餐食中纤维含量很高。至今仍保持"狩猎 – 采集"生活模式的人，其血液中的 LDL- 胆固醇水平明显低于普通人，患心脑血管疾病的风险也要低得多。

在现代社会，膳食纤维的摄入量与长寿呈正相关。这仅仅是因为富裕且受过良好教育者食用更多膳食纤维吗？答案是：非也。随机对照试验证明，摄入膳食纤维会降低 LDL- 胆固醇水平。也就是说，多吃一些膳食纤维，LDL- 胆固醇就会下降，两者间存在稳定可靠的因果关系。这其中的机制也已经明了：人体不能消化膳食纤维，膳食纤维可以完好无损地通过消化系统。在这一过程中，膳食纤维会捕捉一种叫作"胆汁酸"的物质。胆汁酸的功能是消化和吸收脂肪。在发挥作用后，胆汁酸会被人体吸收并重新利用。不过，胆汁酸一旦被膳食纤维捕获，就不能再回收利用了。肝脏需要合成新的胆汁酸来弥补损失，而合成胆汁酸的初始原料就是血液中的胆固醇。

这一机制也为现代人的血液 LDL- 胆固醇水平容易升高提供了可能的解释：在进化过程中，人类长期以来都摄入高纤维饮食。人体已经适应了比现代低得多的胆汁酸回收率，所以会在血液中储备 LDL- 胆固醇，以便随时补充合成胆汁酸。一旦饮食中的膳食纤维降低了，LDL- 胆固醇没有用武之地，在血液中的含量就过高了。

我们可以通过两种方式获得更多膳食纤维。比较简便的方法就是多吃富含纤维的食物。燕麦中的膳食纤维（比如早餐燕麦粥）被研究得比较透彻，不过说实话，任何富含纤维的食材效果都不错，粗粮、豆类，以及苹果和梨子等水果都是绝佳的膳食纤维来源。另一种方法是服用纤维补充剂。服用补充剂虽然不如食补，但总比什么都不做强。最受欢迎且效果有据可查的是洋车前子补充剂。研究中通常采用的服用方法是每天共 5~15 克，以每餐 5 克的剂量分一、二或三餐服用。当然，如果无法通过饮食及生活方式达到控制血液 LDL- 胆固醇水平的目的，服用降胆固醇药物也不失为一种选择。

* * *

增加心脑血管疾病风险的另一个主要因素是高血压。绝大多数心脏病发作或中风的人，发病前都患有高血压。

参与控制血压的重要激素之一是"血管紧张素Ⅱ"。这种激素与其受体结合后会引起血管收缩，使血压升高。我们可以将血管紧张素Ⅱ想象成对水管的挤压力——水管受到挤压时，等量的水要通过，水压必然得升高。有趣的是，有一种血管紧张素Ⅱ受体的变异类型在百岁老人中出现的比例非常高，这意味着该变异类型可能有助于延年益寿。其机制直截了当：与普通类型相比，该突变类型的受体更难被血管紧张素Ⅱ激活。引起血管收缩的难度增加，血压就不容易升高了。

意大利科研人员通过使小鼠血管紧张素Ⅱ受体完全失活，制造出了上述遗传变体的极端模型。这些小鼠对高血压先天免疫，因此寿命比普通小鼠长 26%。这一发现非常有趣，因为人类不必基因突变，就可以通过药物来模拟这种效果。给老鼠服用这些药物，它们的寿命也会变长。这些药物甚至对实验室培养的秀丽隐杆线虫都有类似效果。鉴于秀丽隐杆线虫根本没有血管，这个发现实在是出人意料。

显而易见，避免高血压是维持健康长寿的好办法。不过，血压具有随年龄增长而增加的趋势。有些人说这一趋势不可避免。真的是这样吗？

委内瑞拉政府在不知情的情况下，通过一项独特的"试验"帮我们解答了这个问题。在委内瑞拉与巴西交界的亚马逊地区，有几个部落仍保持着"狩猎－采集"的生活方式。也就是说，这一地区的居民通过打猎来获取肉类，通过采集来获取可食用的植物。他们的生活是"低科技"的，运动量非常大，又有足够的时间放松和社交。

在叶库阿部落的领地上，委内瑞拉政府修建了一条飞机跑道。随着游客的到来，叶库阿部落的居民很快就开始以交换的方式从游客那里取得美味的加工食品。与此同时，临近的亚诺马米等部落依然延续着与现代社会隔绝的古老饮食方式。

有美国科学家前往委内瑞拉，研究这种差异对当地人的健康产生了什么样的影响。他们发现，在有飞机跑道的叶库阿部落，居民的血压大多随着年龄增长而上升。这一趋势与发达地区的现代人是一样的，而在与世隔绝的亚诺马米部落，居民的血压却并未出现与年龄相关的变化。也就是说，如果遵循祖传的饮食方式，人们似乎就不会因为变老而得高血压了。在玻利维亚原住民提斯曼人身上，科学家也观察到类似情况：该部落中，只有食用加工食品的成员血压随年龄增长而上升，其他居民的血压并没有这种变化。

上述例子说明，血压升高不见得是衰老导致的，它也不是衰老"与生俱来"的特征之一。只要你搬到丛林里，以捕猎为生，高血压完全可以避免。

如果不想搬到丛林里生活，我还有一些容易付诸行动的提议。前文提到过，巨细胞病毒（CMV）感染有促使血压升高的倾向。其他慢性病毒感染很可能也是如此。因此，接种疫苗、注意卫生保健有助于避免高血压。

令人惊喜的是，对降低 LDL- 胆固醇水平有效的做法往往同样能抑制高血压，比如多吃膳食纤维、控制体重、戒烟等。当然，还有吃大蒜。

另外，有一种"药物"降血压的效果特别好，且兼具降血糖、增强细胞自噬和改善线粒体功能的作用。1991 年，克利夫兰的科学家们启动了一项长期研究。他们将招募到的受试者分为几组，让他们以递增的方式使用该"药物"。15 年后，科学家对受试者进行了最后一次跟踪调查，并发表了研究成果。他们发现：与未使用该"药物"的人相比，大剂量使用的人死亡风险降低了 80%。该"药物"能够稳定可靠地改善健康状况：用药剂量最高的组健康改善程度最大；用药剂量第二高的组次之；以此类推，未用药者的健康状况没有改善。

好吧，这种"药物"其实是运动。

克利夫兰的科学家们实际上是让受试者在跑步机上运动，并测量他们的心肺功能，然后追踪他们的健康状况。在长达 15 年的跟踪调查中，他们发现心肺功能最好的受试者死亡率比最差者低 80%。心肺功能非常好的人，也没有出现运动增多但健康没有进一步改善的"平台期"。将心肺功能最佳的受试组与仅次于他们的受试组放在一起比较，仍能发现最顶尖的人胜出一筹。

* * *

要研究运动的长期影响通常是不容易的。让人们改变长期形成的饮食习惯已经很难了，让成百上千的人养成运动的习惯并坚持多年，简直难上加难。因此，大多数关于运动的研究项目都是通过相关性研究来实现的。在一些项目中，比如前文讲的克利夫兰试验，科学家实际上是通过测量心肺功能来判断受试者的运动量，但其他很多研究项目则要求受试者自行记录并报告他们的运动水平。令人惊讶的是，很多人远远夸大了他们的运动量。这就降低了这些研究的可靠性。不过，从好的方面想，即使受试者实际的运动量没有他们报告的大，科学家还是观察到了他们健康状况的改善，这可能意味着运动比我们想象的更加有效，人们可能不必保持预期中的大运动量，就能够受益。

虽然以运动为对象的高质量长期研究很难实施，但短期干预研究还是比较容易实现的。这些短期研究已经证实，运动可以促使机体发生各种有助于长寿的适应性转变，比如增进线粒体的数量和功能、提高胰岛素敏感度、促进自噬、改善免疫系统功能等。

前文多次提到，运动可以引起兴奋效应，运动之后，身体在恢复期间会发生有益健康的适应性变化。运动时，人体的血压、血糖、氧化应激及炎症水平都会上升，但从长远看，运动会使这些指标全部下降，因为运动的刺激使机体提高了对逆境的承受力和适应性。当然，既然是通过兴奋效应发挥有益作用，那么运动必然有一个上限。即在某个临界点，运动所造成的压力过大，以致身体无法恢复和适应。对你我这样的普通人来说，有必要担心这个运动有益健康的上限吗？换句话说，每星期几次业余等级的慢跑会触及这个上限吗，还是只有参加跨美自行车赛或撒哈拉沙漠超级马拉松[1]的人才有必要担心这些？

　　从克利夫兰研究的结果看，我们似乎没什么好担心的——即使运动量最大的受试者，身体也未受到负面影响。可以肯定地说，遵循"运动越多，身体越好"的原则是安全的。不过，这种事当然还是要依据身体感受来决定。一定要记住，运动之所以健康，根源在于身体在运动之后能够恢复，并在恢复的过程中发生有益的适应性改变。

＊　＊　＊

　　传统的运动方式是所谓的"稳态"运动，即运动者的脉搏加快，力量消耗适中，运动时间较长。跑步、骑自行车、游泳，甚至徒步旅行都属于稳态运动。保持稳态运动的习惯当然很好，但有时候人们容易犯懒，并将不运动的习惯归罪于头号借口："我没时间。"如果有人宣称从没用过这个借口，那他十有八九是在撒谎。"没时间"的潜在解决方案交替进行短时间的高强度活动与休息，也就是所谓的"高强度间歇训练"（high-intensity interval training，简称 HIIT）。例如，20 秒冲刺跑，20 秒休息，再 20 秒冲刺跑，

---

[1] 跨美自行车赛（Race Across America，简称 RAAM）是世界上最具挑战性的自行车赛事，赛程长度约 4828 千米，横跨美国东西海岸，速度最快的参赛者也需要一星期以上的时间才能完成比赛。撒哈拉沙漠超级马拉松（Marathon des Sables，简称 MDS）被视为全球最艰苦的徒步赛事，赛程总距离约 250 千米，即传统马拉松的 6 倍，参赛者须携带装备徒步穿越摩洛哥境内环境恶劣的撒哈拉沙漠、山丘及河谷等地区。——译者注

以此类推，共持续 5~15 分钟。其目的是消耗比稳态运动更多的力量。在刺激因素较为尖锐、剧烈时，兴奋效应的效果往往更好，所以 HIIT 可能会对健康有益。

支持者认为 HIIT 与稳态运动效果一样好，一些研究似乎也表明了这一点。一项大型元分析显示，与稳态运动相比，HIIT 更能增强身体应付炎症及氧化应激的能力，同时也能更大幅度地增加胰岛素敏感度。另一项研究则表明，与稳态运动相比，HIIT 能帮助锻炼者多减掉 25% 的体重。

最佳的健身方案可能是 HIIT 与稳态运动相结合。例如，跑步者可以在慢跑中间歇性地加入冲刺跑。不过，更重要的是不要为了追求完美而影响运动的愉悦感。研究表明，任何运动都比不运动好，养成运动习惯就更好。令人愉悦的运动方式坚持起来容易得多。

* * *

有一种"肌肉小鼠"，肌肉量是普通小鼠的两倍，而且身体脂肪含量较少。不必总泡在健身房，不必吃过多的水煮鸡肉就能够实现肌肉小鼠这种肌肉多、脂肪少的身体状态，正是健美运动员们梦寐以求的。肌肉小鼠之所以肌肉发达，是因为它们的肌肉生长抑制素基因有缺陷。肌肉生长抑制素可抑制肌肉生长，如果它失去功能，肌肉就会变大。有趣的是，肌肉生长抑制素基因缺陷在其他动物中也存在，比如牛、狗、羊，还有人。2004 年，有一个出生在德国的男孩，两个肌肉生长抑制素基因都携带突变。医生描述说，他刚出生时肌肉就已经"极端发达"。男孩的母亲是一位运动员——这也不算出人意料了。

研究衰老的科学家对肌肉生长抑制素尤其感兴趣，因为肌肉小鼠不只肌肉发达，寿命也比普通小鼠长。在大多数哺乳动物中，肌肉生长抑制素的作用机制都大同小异。所以，也许人类也可以考虑抑制该因子的水平。我相信，最终会有人通过操控肌肉生长抑制素，发明出无副作用的医学增肌手段，并因此赚得亿万身家，跻身福布斯财富榜。不过目前，最好的增肌选择仍是老办法——举重。长期坚持举重可以增肌的原因之一，正是由于它能够降低肌肉生长抑制素的水平。

随着年龄的增长，人的肌肉量会减少。一个人到 80 岁时，平均会失去 50% 的肌肉纤维。这也是随着年龄的增长，人体变得越来越虚弱且病后复原能力降低的原因。肌肉量少、握力差的人，往往短寿。不过，举重可以改善这种状况。首先，如果年轻时肌肉量多，那么即使在衰老过程中有所损失，在落到因肌肉不足而产生健康问题的地步之前，会有很长的缓冲期。其次，举重作为一种刺激因素能够引起兴奋效应，迫使身体将更多资源用于肌肉的维护和强化。通过兴奋效应增加的肌肉，足以抵消衰老造成的损失。同样道理，举重还可以抵消衰老造成的骨密度下降。许多老年人，尤其是老年女性，都有骨骼孔隙变多、骨质脆弱的骨质疏松问题。这些健康问题都可以通过举重来改善。总而言之，要想延年益寿，有氧运动最重要，结合举重训练更是锦上添花。如果身体可以承受，理想的运动模式应囊括稳态训练、间歇训练和举重。

境由心生

　　想象一下，你我都是医生，我们的好友约翰来访，说他犯了头痛病。我们对他说："没问题，有对症的药！"但实际上，我们给约翰的根本不是头痛药，而是"安慰剂"。也就是说，我们蒙骗了他，让他以为自己吃的是药，但其实那只是糖丸而已。约翰心怀感激，就着一杯水把"药"服了。

　　虽然这颗糖丸没有任何疗效，但约翰的情绪很快就好起来，并感谢我们治好了他的头痛。约翰是在说谎吗？并不是。约翰的表现是医学上的一个经典现象——"安慰剂效应"。这种"药"之所以产生积极的效果，并非因为它包含什么高科技，而是病人"相信"它能治病。很多迹象表明，安慰剂效应在大多数治疗过程中都起到了重要的作用，特别是牵涉到精神方面时。安慰剂效应还会随病人"相信"的程度而变化。比如，当病人认为药物是最新研究的成果、非常昂贵或者药丸的体积非常大时，都能够加强安慰剂的效果。不知出于什么心理原因，如果药丸是红色的，效果通常会更好。

用糖丸治疗头痛就很不寻常了，但还有更神奇的，比如"安慰手术"。在一项研究中，医生们试图治疗患有膝关节骨关节炎的病人。骨关节炎是一种很难治疗的疼痛性疾病。某些情况下，它可以通过手术来缓解。研究人员将骨关节炎患者麻醉，并在他们的膝盖上做手术切口。不过，只有少数病人接受了真正的手术。其余患者的病灶没有受到任何干预，切口就直接被缝合了。医生并未告知患者真实情况，病人们都以为自己真的做过了手术。令人惊讶的是，之后的几个月，接受"安慰手术"的患者与真正接受了手术的患者表现出了相同的治疗效果——两组病人所反映的疼痛缓解程度相差无几。

甚至在一些研究中，医生明确告知病人："这只是一种安慰剂疗法。我们实际上什么都没做，但经验显示，这种疗法有效。"病人在知情的情况下接受了安慰剂疗法，结果还真的有效。比如，在一项研究中，医生给肠易激综合征患者服用糖丸，并明确告知患者服用的只是糖丸。尽管如此，病人的症状还是有所改善。

乐观地想，如果你相信本书的内容都是正确的，那么我所提的建议就将有助于你延年益寿。虽然这不是"心诚则灵的事"，只凭信念并不会让人长生不老，但研究表明，"感觉"自己年轻的人寿命的确会更长。还有大家都知道的，乐观的人往往长寿。

安慰剂效应说明，精神状态能够主导身体状况。它甚至可以影响机体对食物的反应。在一项有趣的研究中，科学家让参与者饮用含糖饮料。一些参与者得到的信息是，这是一种高糖饮料；另一些参与者得到的信息刚好相反。结果显示，虽然喝下的是同一种饮料，两组人的身体对饮料却产生了不同的反应——"高糖组"参与者的血糖峰值比"低糖组"高。

不过，凡事都有两面性，安慰剂效应还有一个邪恶的"孪生兄弟"——反安慰剂效应，即负面的预期由于"相信"而变成了事实。一个经典例子是评估人们是否具有保持健康的"遗传潜力"：研究者告诉一组参与者，从遗传角度来看他们的身体素质不好，没有保持健康的遗传潜力；对另一组参与者则提供相反的信息。随后，没有"遗传潜力"的参与者在身体测试中的表现竟然真的比另一组差。而实际上，所谓"遗传潜力"好坏的信息都是编造的。

* * *

养狗与长寿正相关，拥有亲密的家庭关系和朋友关系亦如此。在一项研究中，研究者统计了若干自传中有关社会角色的词语出现的频率，比如"父亲""母亲""兄弟姐妹""邻居"等。结果显示，相对于较少使用这类词汇的作者，较多使用它们的作者要长寿 6 岁多。

本书中提到的一些小建议，比如健康饮食、锻炼身体，尝试新的生活方式等有助于延长寿命，但这些依然不够，我们还需要将目光放在社会关系上。

　　社会关系是长寿拼图的最后一块。我们已经知道，心理状态对身体健康非常重要。作为人类，归属感是我们深层的心理需求之一。孤独其实是导致早死的重要因素，甚至排在体重超标等原因之前。人类对密切社会关系的需求源远流长，乃至连我们的远亲狒狒都是如此。在狒狒种群中，相较于社会关系较弱或不稳定的个体，拥有较强社会关系的个体寿命更长。

　　他人的陪伴除了给予我们愉悦和安慰，还赋予我们巨大的意义感和责任感。有关寿命的田野研究不断发现，长寿的人都有很强的意义感和目标感，在任何年龄都是积极入世的。他们不会将人生分为工作期和退休期，而是终生承担责任和任务，哪怕这些责任和任务只是"每个周日为孙子孙女煮饭"或"每天清扫楼梯"。一个奇怪的现象是，千禧年过后，死亡率立即上升了，就好像很多人是以亲历千年之交为目标而坚持活下去的，如愿之后便过世了。

Epilogue

后记

　　为寻找健康长寿的秘笈，我们已经在本书中周游了世界——从格陵兰海到复活节岛，又到非洲大陆裸鼹鼠的隧道王国。一路上，我们邂逅了老派冒险家、自我实验者，当然，还有很多世界一流的科学家。无论你是谁、身处何处，我都希望你享受了这段旅程。

　　虽然关于衰老的研究目前仍处于起步阶段，但正如本书所展示的，我们已经取得了许多重要的进展。未来，这些成果将像滚雪球一样，越滚越大。自古以来，人类就在追索探寻：衰老因何发生？更重要的是，应该如何应对它？甚至在文明建立之前，人类就开始寻找答案了。正如本书所阐述的，直到如今，我们依然热情不减。

悲观主义者可能会诟病执着于延年益寿是贪心，不过，抗击衰老是一场崇高的战争。世界上有太多东西让人类分崩离析了，我们历经挫折才意识到，让大家团结起来的好方法之一是树立一个共同的敌人。那么，就以患为利，让"衰老"来扮演这个"人类公敌"吧。无论种族、国籍、性别、收入水平还是教育程度，在衰老面前，所有人都绑在一起，人人都深受其害。这也意味着，取得抗击衰老的胜利将使所有人受益。

如果医药科学能够不断进步，毫无疑问，人类战胜衰老只是个时间问题。我希望，在50年后会有人发现这本书，并因其内容的简单粗浅而哑然失笑，同时庆幸在此书出版后的50年中，有那么多新的科学发现。人类与衰老的战争究竟要持续50年、500年，还是5000年，无人知晓。但总有一天，总有一代人，可以改变人类生来就必将面对衰老的现实。我们总可以奢望自己就是那一代人，虽然我们或许还没有那么幸运。

尼克拉斯·布伦伯格

于 2022 年

Acknowledgements

致
谢
（
英
译
本
）

　　感谢本书优秀的编辑伊兹·埃弗灵顿及霍德工作室全体团队
的辛勤努力。凭借他们的帮助，本书远远超出了我能想象到的最
佳预期效果。感谢伊丽莎白·德诺玛将本书从丹麦文翻译成英文。
感谢塔拉·奥沙利文在本书编辑期间帮我润色英文。感谢莉迪
亚·布拉格登为本书设计了漂亮的封面。感谢普尔维·加迪亚在
成书最后阶段的悉心指导。

　　感谢我的经纪人保罗·塞伯斯、里克·克莱沃，以及赛伯斯 –
比瑟琳文学经纪公司的全体成员。因为他们的聪明才智，本书才
真正走向了世界。本书的创作尚未完全结束时，就已经译成了22
种语言，这一数字还在不断增加。保罗和里克的电话总能令人精
神为之一振，我尤其感谢他们促成本书被翻译为英文版本，使其

可以用这种全球通用语言，同时也是科学界的通用语言传播。

感谢我亲爱的丹麦出版商——格罗宁根 1 号出版社[1]的路易丝·温德和玛丽安·基尔茨纳。你也许想不到，本书最初被丹麦所有的大出版社拒稿，出版本书所用的时间甚至比写作时间还长。幸运的是，我遇到了路易丝和玛丽安，她们很快决定帮我出版这本书。之后，我们的首印版一经上架即销售一空，本书成为当年最畅销的非虚构类书籍。

最后，我要感谢我所有的亲人并将此书献给他们。我之所以希望长寿，就是想与你们共同创造更多的回忆。

---

[1] "格罗宁根 1 号"为出版社地址。——译者注

参
考
文
献

前　言：不老泉

Conese, M., Carbone, A., Beccia, E., Angiolillo. A. 'The Fountain of Youth: A tale of parabiosis, stem cells, and rejuvenation', *Open Medicine*, vol. 12, 2017, pp. 376–383.

Grundhauser, E. 'The True Story of Dr. Voronoff's Plan to Use Monkey Testicles to Make Us Immortal', atlasobscura.com, 13 October 2015.

第一章：长寿纪录

Nielsen, J. et al. 'Eye lens radiocarbon reveals centuries of longevity in the Greenland shark (*Somniosus microcephalus*)', *Science*, vol. 353, no. 6300, 2016, pp. 702–704.

Keane, M. et al. 'Insights into the evolution of longevity from the bowhead whale genome', *Cell Reports*, vol. 10, no. 1, 2015, pp. 112–122.

Bailey, D.K. '*Pinus Longaeva*', *The Gymnosperm Database*, www.conifers.org/pi/Pinus_longaeva.php.

Rogers, P., McAvoy, D. 'Mule deer impede Pando's recovery: Implications for aspen resilience from a single-genotype forest', *PLOS ONE*, vol. 13, no. 10, 2017.

Robb, J., Turbott, E. '*Tu'i Malila*, "Cook's Tortoise"', *Records of the Auckland Institute and Museum*, vol. 8, 17 December 1971, pp. 229–233.

Morbey, Y., Brassil, C., Hendry, A. 'Rapid Senescence in Pacific Salmon', *The American Naturalist*, vol. 166, no. 5, 2005, pp. 556–568.

Wang, Z., Ragsdale, C. 'Multiple optic gland signaling pathways implicated in octopus maternal behaviors and death', *Journal of Experimental Biology*, vol. 221, no. 19, 2018.

Bradley, A., McDonald, I., Lee, A. 'Stress and mortality in a small marsupial (*Antechinus stuartii*, Macleay)', *General and Comparative Endocrinology*, vol. 40, no. 2, 1980, pp. 188–200.

White, J., Lloyd, M. '17-Year Cicadas Emerging After 18 Years: A New Brood?' *Evolution*, vol. 33, no. 4, 1979, pp. 1193–1199.

Sweeney, B., Vannote, R. 'Population Synchrony in Mayflies: A Predator Satiation Hypothesis', *Evolution*, vol. 36, no. 4, 1982, pp. 810–821.

'Century plant', *Encyclopaedia Britannica*, www.britannica.com/plant/century-plant-Agave-genus, 2020.

Bavestrello, G., Sommer, C., Sarà, M. 'Bi-directional conversion in *Turritopsis nutricula* (Hydrozoa)', *Scientia Marina*, vol. 56, no. 2–3, 1992, pp. 137–140.

Carla', E., Pagliara, P., Piraino, S., Boero, F., Dini, L. 'Morphological and ultrastructural analysis of *Turritopsis nutricula* during life cycle reversal', *Tissue and Cell*, vol. 35, no. 3, 2003, pp. 213–222.

Kubota, S. 'Repeating rejuvenation in *Turritopsis*, an immortal hydrozoan (Cnidaria, Hydrozoa)', *Biogeography*, vol. 13, 2011, pp. 101–103.

Bowen, I., Ryder, T., Dark, C. 'The effects of starvation on the planarian worm *Polycelis tenuis iijima*', *Cell and Tissue Research*, vol. 169, no. 2, 1976, pp. 193–209.

Bidle, K., Lee, S., Marchant, D., Falkowski, P. 'Fossil genes and microbes in the oldest ice on Earth', *Proceedings of the National Academy of Sciences of the United States of America*, vol. 104, no. 33, 2007, pp. 13455–13460.

Austad, S. 'Retarded senescence in an insular population of Virginia opossums (*Didelphis virginiana*)', *Journal of Zoology*, vol. 229, no. 4, 1993, pp. 695–708.

Austad, S., Fischer, K. 'Mammalian Aging, Metabolism, and Ecology: Evidence From the Bats and Marsupials', *Journal of Gerontology*, vol. 46, no. 2, 1991, pp. B47–B53.

Wodinsky, J. 'Hormonal inhibition of feeding and death in Octopus: Control by optic gland secretion', *Science*, vol. 198, no. 4320, 1977, pp. 948–951.

Lewis, K., Buffenstein, R. 'The Naked Mole-Rat: A Resilient Rodent Model of Aging, Longevity, and Healthspan', *Handbook of the Biology of Aging: Eighth Edition*, Elsevier Inc., 2015, pp. 179–204.

Buffenstein, R. 'Naked mole-rat (*Heterocephalus glaber*) longevity, ageing, and life history', *An Age: The Animal and Longevity Database*, https://genomics.senescence.info.

Sahm, A. et al. 'Long-lived rodents reveal signatures of positive selection in genes associated with lifespan', *P Lo S Genetics*, vol. 14, no. 3, 2018.

第二章：阳光、棕榈树与长寿

Buettner, D. *The Blue Zones: 9 lessons for living longer from the people who've lived the longest*, National Geographic Books, 2008.

Poulain, M., Herm, A., Pes, G. 'The Blue Zones: areas of exceptional longevity around the world', *Vienna Yearbook of Population Research*, vol. 11, 2013, pp. 87–108.

Rosero-Bixby, L., Dow, W., Rehkopf, D. 'The Nicoya region of Costa Rica: A high longevity Island for elderly males', *Vienna Yearbook of Population Research*, vol. 11, no. 1, 2013, pp. 109–136.

Hokama, T., Binns, C. 'Declining longevity advantage and low birthweight in Okinawa', *Asia-Pacific Journal of Public Health*, vol. 20, October 2008, suppl: 95–101.

Newman, S. J. 'Supercentenarians and the oldest-old are concentrated into regions with no birth certificates and short lifespans', *bioRxiv*, 704080, May 2020, doi: https://doi.org/10.1101/704080.

'2019 Human Development Report', United Nations Development Program, 2019.

'Life expectancy at birth, total (years)', The World Bank, 2020, https://data.worldbank.org/indicator/SP.DYN.LE00.IN.

'More than 230,000 Japanese centenarians "missing" ', *BBC*, September 2010.

第三章：被高估的基因

Segal, N. 'Twins: A window into human nature', TEDx, Manhattan Beach, 2017, www.ted.com/talks/nancy_segal_twins_a_window_into_human_nature.

Herskind, A., McGue, M., Holm, N., Sørensen, T., Harvald, B., Vaupel, J. 'The heritability of human longevity: A population-based study of 2872 Danish twin pairs born 1870–1900', *Human Genetics*, vol. 97, no. 3, 1996, pp. 319–323.

Mitchell, B., Hsueh, W., King, T., Pollin, T., Sorkin, J., Agarwala, R., Schäffer, A., Shuldiner, A. 'Heritability of life span in the Old Order Amish', *American Journal of Medical Genetics*, vol. 102, no. 4, 2001, pp. 346–352.

Kerber, R., O'Brien, E., Smith, K., Cawthon, R. 'Familial excess longevity in Utah genealogies', *Journals of Gerontology, Series A: Biological Sciences and Medical Sciences*, vol. 56, no. 3, 2001, pp. B130–B139.

Ljungquist, B., Berg, S., Lanke, J., McClearn, G., Pedersen, N. 'The effect of genetic factors for longevity: A comparison of identical and fraternal twins in the Swedish Twin Registry', *Journals of Gerontology, Series A: Biological Sciences and Medical Sciences*, vol. 53, no. 6, 1998, pp. M441–M446.

Graham Ruby, J. et al. 'Estimates of the heritability of human longevity are substantially inflated due to assortative mating', *Genetics*, vol. 210, no. 3, 2018, pp. 1109–1124.

Melzer, D., Pilling, L.C., Ferrucci, L. 'The genetics of human ageing', *Nature Reviews Genetics*, vol. 21, 2020, pp. 88–101.

Timmers, P. et al. 'Genomics of 1 million parent lifespans implicates novel pathways and common diseases and distinguishes survival chances', *eLife*, vol. 8, 2019.

Lio, D., Pes, G., Carru, C., Listì, F., Ferlazzo, V., Candore, G., Colonna-Romano, G., Ferrucci, L., Deiana, L., Baggio, G., Franceschi,

C., Caruso, C. 'Association between the HLA-DR alleles and longevity: A study in Sardinian population', *Experimental Gerontology*, vol. 38, no. 3, 2003, pp. 313–318.

Sun, X., Chen, W., Wang, Y. 'DAF-16/FOXO transcription factor in aging and longevity', *Frontiers in Pharmacology*, vol. 8, 2017.

Raygani, A., Zahrai, M., Raygani, A., Doosti, M., Javadi, E., Rezaei, M., Pourmotabbed, T. 'Association between apolipoprotein E polymorphism and Alzheimer disease in Tehran, Iran', *Neuroscience Letters*, vol. 375, no. 1, 2005, pp. 1–6.

Liu, S., Liu, J., Weng, R., Gu, X., Zhong, Z. 'Apolipoprotein E gene polymorphism and the risk of cardiovascular disease and type 2 diabetes', *BMC Cardiovascular Disorders*, vol. 19, no. 1, 2019, p. 213.

Zook, N., Yoder, S. 'Twelve Largest Amish Settlements, 2017', Center for Anabaptist and Pietist Studies, Elizabethtown College, 2017, https://groups.etown.edu/amishstudies/statistics/largest-settlements.

Khan, S, Shah, S. et al. 'A null mutation in SERPINE1 protects against biological aging in humans', *Science Advances*, vol. 3, no. 11, 2017.

第四章：长生不老的缺点

Shklovskii, B.I. 'A simple derivation of the Gompertz law for human mortality', *Theory in Biosciences*, vol. 123, 2005, pp. 431–433.

Christensen, K., McGue, M., Peterson, I., Jeune, B., Vaupel, J.W. 'Exceptional longevity does not result in excessive levels of disability', *Proceedings of the National Academy of Sciences of the United States of America*, vol. 105, no. 36, 2008, pp. 13274–13279. doi:10.1073/pnas.0804931105.

Heron, M. 'Deaths: Leading Causes for 2019', *National Vital Statistics Report*, National Center for Health Statistics, vol. 70, no. 9, 2021. doi: https://dx.doi. org/10.15620/cdc:10702.

Arias, E., Heron, M., Tejada-Vera, B. *National Vital Statistics Reports*, vol. 61, no. 9, 31 May 2013.

Arancio, W., Pizzolanti, G., Genovese, S., Pitrone, M., Giordano, C. 'Epigenetic Involvement in Hutchinson-Gilford Progeria Syndrome: A Mini-Review', *Gerontology*, vol. 60, no. 3, 2014, pp. 197–203.

Medawar, P. *An Unsolved Problem of Biology*, H.K. Lewis, 1952.

Fabian, D. 'The evolution of aging', *Nature Education Knowledge*, vol. 3, 2011, pp. 1–10.

Loison, A. et al. 'Age specific survival in five populations of ungulates: evidence of senescence', *Ecology*, vol. 80, no. 8, 1999, pp. 2539–2554.

Williams, G. 'Pleiotropy, Natural Selection, and the Evolution of Senescence', *Evolution*, vol. 11, no. 4, 1957, pp. 398–411.

Friedman, D., Johnson, T. 'A mutation in the age-1 gene in Caenorhabditis elegans lengthens life and reduces hermaphrodite fertility', *Genetics*, vol. 118, no. 1, 1988.

第五章：没能杀死你的东西……

Denham, H. 'Aging: A Theory Based on Free Radical and Radiation Chemistry', *Journal of Gerontology*, vol. 11(3): pp. 298–300, 1956. https://doi.org/10.1093/geronj/11.3.298

Bjelakovic, G., Nikolova, D., Gluud, L.L., Simonetti, R.G., Gluud, C. 'Mortality in randomized trials of antioxidant supplements for primary and secondary prevention: systematic review and meta-analysis', *JAMA*, 297(8):842–57, 2007. doi: 10.1001/jama.297.8.842.

Yang, W., Hekimi, S. 'A Mitochondrial Superoxide Signal Triggers Increased Longevity in *Caenorhabditis elegans*', *PLOS Biology*, vol. 8, no. 12, 2010.

Hwang, S., Guo, H. et al. 'Cancer risks in a population with prolonged low dose-rate γ-radiation exposure in radio-contaminated buildings, 1983–2002', *International Journal of Radiation Biology*, vol. 82, no. 12, 2006, pp. 849–858.

Sponsler, R., Cameron, J. 'Nuclear shipyard worker study (1980-1988): a large cohort exposed to low-dose-rate gamma radiation', *International Journal of Low Radiation*, vol. 1, no. 4, 2005, pp. 463–478.

David, E., Wolfson, M., Fraifeld, V. 'Background radiation impacts human longevity and cancer mortality: Reconsidering the linear no-threshold paradigm', *Biogerontology*, vol. 22, no. 2, 2021, pp. 189–195.

Berrington, A., Darby, S., Weiss, H., Doll, R. '100 years of observation on British radiologists: Mortality from cancer and other causes 1897–1997', *British Journal of Radiology*, vol. 74, no. 882, 2001, pp. 507–519.

McDonald, J. *et al.* 'Ionizing radiation activates the Nrf2 antioxidant response', *Cancer Research*, vol. 70, no. 21, 2010, pp. 8886–8895.

Nabavi, S.F., Barber, A.J., et al. 'Nrf2 as molecular target for polyphenols: A novel therapeutic strategy in diabetic retinopathy', *Critical Reviews in Clinical Laboratory Sciences*, vol. 53(5), 2016. https://doi.org/10.3109/10408363.2015.1129530.

Chaurasiya, R., Sakhare, P., Bhaskar, N., Hebbar, H. 'Efficacy of reverse micellar extracted fruit bromelain in meat tenderization', *Journal of Food Science and Technology*, vol. 52, no. 6, 2015, pp. 3870–3880.

Montgomery, M., Hulbert, A., Buttemer, W. 'Does the oxidative stress theory of aging explain longevity differences in birds? I. Mitochondrial ROS production', *Experimental Gerontology*, vol. 47, no. 3, 2012, pp. 203–210.

Lewis, K., Andziak, B., Yang, T., Buffenstein, R. 'The naked mole-rat response to oxidative stress: Just deal with it', *Antioxidants and Redox Signaling*, vol. 19, no. 12, 2013, pp. 1388–1399.

Burtscher, M. 'Lower mortality rates in those living at moderate altitude', *Aging*, vol. 8, no. 100, 2016, pp. 2603–2604.

Faeh, D., Gutzwiller, F., Bopp, M. 'Lower mortality from coronary heart disease and stroke at higher altitudes in Switzerland', *Circulation*, vol. 120, no. 6, 2009, pp. 495–501.

Baibas, N., Trichopoulou, A., Voridis, E., Trichopoulos, D. 'Residence in mountainous compared with lowland areas in relation to total and coronary mortality. A study in rural Greece', *Journal of Epidemiology and Community Health*, vol. 59, no. 4, 2005, pp. 274–278.

Thielke, S., Slatore, C., Banks, W. 'Association between Alzheimer, dementia, mortality rate and altitude in California counties', *JAMA Psychiatry*, vol. 72, no. 12, 2015, pp. 1253–1254.

Laukkanen, J., Laukkanen, T., Kunutsor, S. 'Cardiovascular and Other Health Benefits of Sauna Bathing: A Review of the Evidence', *Mayo Clinic Proceedings*, vol. 93, no. 8, 2018, pp. 1111–1121.

Darcy, J., Tseng, Y. 'ComBATing aging – does increased brown adipose tissue activity confer longevity?', *GeroScience*, vol. 41, no. 3, 2019, pp. 285–296.

Schmeisser, S., Schmeisser, K. et al. 'Mitochondrial hormesis links low-dose arsenite exposure to lifespan extension', *Aging Cell*, vol. 12, no. 3, 2013, pp. 508–517.

Oelrichs, P., MacLeod, J., Seawright, A., Ng, J. 'Isolation and characterisation of urushiol components from the Australian native cashew (*Semecarpus australiensis*)', *Natural Toxins*, vol. 5, no. 3, 1998, pp. 96–98.

Jonak, C., Klosner, G., Trautinger, F. 'Significance of heat shock proteins in the skin upon UV exposure', *Frontiers in Bioscience*, vol. 14 no. 12, 2009, pp. 4758–4768.

第六章：体型很重要吗

Laron, Z., Lilos, P., Klinger, B. 'Growth curves for Laron syndrome', *Archives of Disease in Childhood*, vol. 68, no. 6, 1993, pp. 768–770.

Guevara-Aguirre, J. et al. 'Growth hormone receptor deficiency is associated with a major reduction in pro-aging signaling, cancer, and diabetes in humans', *Science Translational Medicine*, vol. 3, no. 70, 2011.

Bartke, A,, Brown-Borg, H. 'Life Extension in the Dwarf Mouse', *Current Topics in Developmental Biology*, vol. 63, 2004, pp. 189–225.

Salaris, L., Poulain, M., Samaras, T. 'Height and survival at older ages among men born in an inland village in Sardinia (Italy), 1866-2006', *Biodemography and Social Biology*, vol. 58, no. 1, 2012, pp. 1–13.

Samaras, T., Elrick, H., Storms, L. 'Is height related to longevity?', *Life Sciences*, vol. 72, no. 16, 2003, pp. 1781–1802.

Kurosu, H. et al. 'Physiology: Suppression of aging in mice by the hormone Klotho', *Science*, vol. 309, no. 5742, 2005, pp. 1829–1833.

Vitale, G. et al. 'Low circulating IGF-I bioactivity is associated with human longevity: Findings in centenarians' offspring', *Aging*, vol. 4, no. 9, 2012, pp. 580–589.

Zarse, K. et al. 'Impaired insulin/IGF1 signaling extends life span by promoting mitochondrial L-proline catabolism to induce a transient ROS signal', *Cell Metabolism*, vol. 15, no. 4, 2012, pp. 451–465.

Zoledziewska, M. et al. 'Height-reducing variants and selection for short stature in Sardinia', *Nature Genetics*, vol. 47, no. 11, 2015, pp. 1352–1356.

Wolkow, C., Kimura, K., Lee, M., Ruvkun, G. 'Regulation of *C. elegans* life span by insulin–like signaling in the nervous system', *Science*, vol. 290, no. 5489, 2000, pp. 147–150.

第七章：复活节岛的秘密

Halford, B. 'Rapamycin's secrets unearthed', *C&EN Global Enterprise*, vol. 94, no. 29, 2016, pp. 26–30.

Dominick, G. et al. 'Regulation of mTOR Activity in Snell Dwarf and GH Receptor Gene-Disrupted Mice', *Endocrinology*, vol. 156, no. 2, 2015, pp. 565–75.

Sharp, Z., Bartke, A. 'Evidence for Down-Regulation of Phosphoinositide 3-Kinase/Akt/Mammalian Target of Rapamycin (PI3K/Akt/mTOR)-Dependent Translation Regulatory Signaling Pathways in Ames Dwarf Mice', *The Journals of Gerontology, Series A: Biological Sciences and Medical Sciences*, vol. 60, no. 3, 2005, pp. 293–300.

Bitto, A. et al. 'Transient rapamycin treatment can increase lifespan and healthspan in middle-aged mice', *Elife*, vol. 5, 2016.

Zhang, Y. et al. 'Rapamycin Extends Life and Health in C57BL/6 Mice', *The Journals of Gerontology, Series A: Biological Sciences and Medical Sciences*, vol. 69A, no. 2, 2014.

Mannick, J. et al. 'TORC1 inhibition enhances immune function and reduces infections in the elderly', *Science Translational Medicine*, vol. 10, no. 449, 2018, p. 1564.

Arriola Apelo, S., Lamming, D. 'Rapamycin: An InhibiTOR of aging emerges from the soil of Easter Island', *The Journals of Gerontology, Series A: Biological Sciences and Medical Sciences*, vol. 71, no. 7, 2016, pp. 841–849.

Leidal, A., Levine, B., Debnath, J. 'Autophagy and the cell biology of age-related disease', *Nature Cell Biology*, vol. 20, 2018, pp. 1338–1348.

Dai, D. et al. 'Altered proteome turnover and remodeling by short-term caloric restriction or rapamycin rejuvenate the aging heart', *Aging Cell*, vol. 13, no. 3, 2014, pp. 529–539.

Bitto, A. et al. 'Transient rapamycin treatment can increase lifespan and healthspan in middle-aged mice', *eLife*, vol. 5, 2016.

第八章：终极调节者

Mujahid N. et al. 'A UV-Independent Topical Small-Molecule Approach for Melanin Production in Human Skin', *CellReports*, vol. 19, 2017, pp. 2177–2184.

'The Nobel Prize in Physiology or Medicine 2016', NobelPrize.org, 2020.

Kumsta, C., Chang, J., Schmalz, J., Hansen, M. 'Hormetic heat stress and HSF-1 induce autophagy to improve survival and proteostasis in *C. Elegans*', *Nature Communications*, vol. 8, no. 1, 2017, pp. 1–12.

Rodriguez, K. et al. 'Walking the Oxidative Stress Tightrope: A Perspective from the Naked Mole-Rat, the Longest-Living Rodent', *Current Pharmaceutical Design*, vol. 17, no. 22, 2011, pp. 2290–2307.

Kacprzyk, J., Locatelli, A. et al. 'Evolution of mammalian longevity: age-related increase in autophagy in bats compared to other mammals', *Aging*, vol. 13, no. 6, 2021, pp. 7998–8025.

Pugin, B. et al. 'A wide diversity of bacteria from the human gut produces and degrades biogenic amines', *Microbial Ecology in Health and Disease*, vol. 28, no. 1, 2017.

Eisenberg, T. et al. 'Cardioprotection and lifespan extension by the natural polyamine spermidine', *Nature Medicine*, vol. 22, no. 12, 2016, pp. 1428–1438.

Kiechl, S. et al. 'Higher spermidine intake is linked to lower mortality: A prospective population-based study', *American Journal of Clinical Nutrition*, vol. 108, no. 2, 2018, pp. 371–380.

Nishimura, K., Shiina, R., Kashiwagi, K., Igarashi, K. 'Decrease in Polyamines with Aging and Their Ingestion from Food and Drink', *The Journal of Biochemistry*, vol. 139, no. 1, 2006, pp. 81–90.

第九章：高中生物课的"老生常谈"

Crane, J., Devries, M., Safdar, A., Hamadeh, M., Tarnopolsky, M. 'The effect of aging on human skeletal muscle mitochondrial and intramyocellular lipid ultrastructure', *Journals of Gerontology, Series A: Biological Sciences and Medical Sciences*, vol. 65, no. 2, 2010, pp. 119–128.

Conley, K., Jubrias, S., Esselman, P. 'Oxidative capacity and ageing in human muscle', *Journal of Physiology*, vol. 526, no. 1, 2000, pp. 203–210.

Picca, A. et al. 'Update on mitochondria and muscle aging: All wrong roads lead to sarcopenia', *Biological Chemistry*, vol. 399, no. 5, 2018, pp. 421–436.

Sun, N. et al. 'Measuring In Vivo Mitophagy,' *Molecular Cell*, vol. 60, no. 4, 2015, pp. 685–696.

Oliveira, A., Hood, D. 'Exercise is mitochondrial medicine for muscle', *Sports Medicine and Health Science*, vol. 1, no. 1, 2019, pp. 11–18.

Van Remmen, H. et al. 'Life-long reduction in MnSOD activity results in increased DNA damage and higher incidence of cancer but does not accelerate aging', *Physiological Genomics*, vol. 16, no. 1, 2004, pp. 29–37.

Zhang, Y. et al. 'Mice deficient in both Mn superoxide dismutase and glutathione peroxidase-1 have increased oxidative damage and a greater incidence of pathology but no reduction in longevity,' *Journals of Gerontology, Series A: Biological Sciences and Medical Sciences*, vol. 64, no. 12, 2009, pp. 1212–1220.

Andreux, P.A. et al. 'The mitophagy activator urolithin A is safe and induces a molecular signature of improved mitochondrial and cellular health in humans', *Nature Metabolism*, vol. 1, no. 6, 2019, pp. 595–603.

第十章：寻求长生的探险之旅

M. Funk, 'Liz Parrish Wants to Live Forever', outsideonline.com, 18 July 2018.

Okuda, K., Bardeguez, A. et al. 'Telomere Length in the Newborn', *Pediatric Research*, vol. 52. no. 3, 2002, pp. 377–381.

Armanios, M., Blackburn, E. 'The telomere syndromes', *Nature Reviews Genetics*, vol. 13, no. 10, 2012, pp. 693–704.

Arai, Y. et al. 'Inflammation, But Not Telomere Length, Predicts Successful Ageing at Extreme Old Age: A Longitudinal Study of Semi-supercentenarians', *eBio Medicine*, vol. 2, no. 10, 2015, pp. 1549–1558.

Hayflick, L., Moorhead, P. 'The serial cultivation of human diploid cell strains', *Experimental Cell Research*, vol. 25, no. 3, 1961, pp. 585–621.

'The Nobel Prize in Physiology or Medicine 2009', NobelPrize.org, 2020.

Cawthon, R., Smith, K., O'Brien, E., Sivatchenko, A., Kerber, R. 'Association between telomere length in blood and mortality in people aged 60 years or older', *Lancet*, vol. 361, no. 9355, 2003, pp. 393–395.

Shay, J., Bacchetti, S. 'A survey of telomerase activity in human cancer', *European Journal of Cancer Part A*, vol. 33, no. 5, 1997, pp. 787–791.

Rode, L., Nordestgaard, B., Bojesen, S. 'Long telomeres and cancer risk among 95,568 individuals from the general population', *International Journal of Epidemiology*, vol. 45, no. 5, 2016.

Pellatt, A. et al. 'Telomere length, telomere-related genes, and breast cancer risk: The breast cancer health disparities study', *Genes, Chromosomes and Cancer*, vol. 52, no. 7, 2013.

Nan, H., Du, M. et al. 'Shorter telomeres associate with a reduced risk of melanoma development', *Cancer Research*, vol. 71, no. 21, pp. 6758–6763.

Kuo, C., Pilling, L., Kuchel, G., Ferrucci, L., Melzer, D. 'Telomere length and aging-related outcomes in humans: A Mendelian randomization study in 261,000 older participants', *Aging Cell*, vol. 18, no. 6, 2019.

Garrett-Bakelman, F. et al. 'The NASA twins study: A multidimensional analysis of a year-long human spaceflight', *Science*, vol. 364, no. 6436, 2019.

第十一章：清除僵尸细胞

'The Nobel Prize in Physiology or Medicine 2016', NobelPrize.org, 2020.

Takahashi, K., Yamanaka, S. 'Induction of Pluripotent Stem Cells from Mouse Embryonic and Adult Fibroblast Cultures by Defined Factors', *Cell*, vol. 126, no. 4, 2006, pp. 663–676.

Ocampo, A. et al. 'In Vivo Amelioration of Age-Associated Hallmarks by Partial Reprogramming', *Cell*, vol. 167, no. 7, 2016, pp. 1719–1733.

Shen, J., Tsai, Y., Dimarco, N., Long, M., Sun, X., Tang, L. 'Transplantation of mesenchymal stem cells from young donors delays aging in mice', *Scientific Reports* vol. 1, no. 67, 2011.

Charles-de-Sá, L. et al. 'Photoaged Skin Therapy with Adipose-Derived Stem Cells', *Plastic & Reconstructive Surgery*, vol. 145, no. 6, 2020, pp. 1037e–1049e.

Xu, M. et al. 'Transplanted Senescent Cells Induce an Osteoarthritis-Like Condition in Mice', *The Journals of Gerontology, Series A: Biological Sciences and Medical Sciences*, vol. 72, no. 6, 2017, pp. 780–785.

Baker, D. et al. 'Naturally occurring p16 Ink4a-positive cells shorten healthy lifespan', *Nature*, vol. 530, no. 7589, 2016, pp. 184–189.

Xu, M., Pirtskhalava, T., Farr, J.N. 'Senolytics improve physical function and increase lifespan in old age', *Nature Medicine*, vol. 24, 2018, pp. 1246–1256.

Coppé, J., Patil, C. et al. 'Senescence-associated secretory phenotypes reveal cell-nonautonomous functions of oncogenic RAS and the p53 tumor suppressor', *PLOS Biology*, vol. 6, no. 12, 2008.

Muñoz-Espín, D. et al. 'Programmed cell senescence during mammalian embryonic development', *Cell*, vol. 155, no. 5, 2013, p. 1104.

Demaria, M. et al. 'An essential role for senescent cells in optimal wound healing through secretion of PDGF-AA', *Developmental Cell*, vol. 31, no. 6, 2014, pp. 722–733.

Cole, L., Kramer, P. *Apoptosis, Growth, and Aging*, Elsevier, 2016, pp. 63–66.

Spindler, S., Mote, P., Flegal, J., Teter, B. 'Influence on Longevity of Blueberry, Cinnamon, Green and Black Tea, Pomegranate, Sesame, Curcumin, Morin, Pycnogenol, Quercetin, and Taxifolin Fed Iso-Calorically to Long-Lived, F1 Hybrid Mice', *Rejuvenation Research*, vol. 16, no. 2, 2013, pp. 143–151.

Yousefzadeh, M. et al. 'Fisetin is a senotherapeutic that extends health and lifespan', *eBio Medicine*, vol. 36, 2018, pp. 18–28.

Xu, Q. et al. 'The flavonoid procyanidin C1 has senotherapeutic activity and increases lifespan in mice', *Nature Metabolism*, vol. 3, 2021, pp. 1706–1726.

Latorre, E., Torregrossa, R., Wood, M., Whiteman, M., Harries, L. 'Mitochondria-targeted hydrogen sulfide attenuates endothelial senescence by selective induction of splicing factors HNRNPD and SRSF2', *Aging*, vol. 10, no. 7, 2018, pp. 1666–1681.

'Unity biotechnology announces positive data from phase 1 clinical trial of ubx1325 in patients with advanced vascular eye disease', Unity Biotechnology Inc., 2021.

Wu, W., Li, R., Li, X., He, J., Jiang, S., Liu, S., Yang, J. 'Quercetin as an antiviral agent inhibits influenza a virus (IAV) Entry', *Viruses*, vol. 8, no. 1, 2015.

第十二章：拨转生理时钟

Horvath, S. 'DNA methylation age of human tissues and cell types', *Genome Biology*, vol. 14, no. 10, 2013, pp. 1–20.

Christiansen, L., Lenart, A., Tan, Q., Vaupel, J., Aviv, A., McGue, M., Christensen, K. 'DNA methylation age is associated with mortality in a longitudinal Danish twin study', *Aging Cell*, vol. 15, no. 1, 2016, pp. 149–154.

Marioni, R. et al. 'The epigenetic clock is correlated with physical and cognitive fitness in the Lothian Birth Cohort 1936', *International Journal of Epidemiology*, vol. 44, no. 4, 2015, pp. 1388–1396.

Horvath, S. et al. 'Decreased epigenetic age of PBMCs from Italian semi-supercentenarians and their offspring', *Aging*, vol. 7, no. 12, 2015, pp. 1159–1170.

Lu, A.T. et al. 'Universal DNA methylation age across mammalian tissues', *bioRxiv*, 2021. doi: https://doi.org/10.1101/2021.01.18.426733

Horvath, S. et al. 'An epigenetic clock analysis of race/ethnicity, sex, and coronary heart disease', *Genome Biology*, vol. 17, no. 1, 2016, p. 171310.

Sehl, M., Henry, J., Storniolo, A., Ganz, P., Horvath, S. 'DNA methylation age is elevated in breast tissue of healthy women', *Breast Cancer Research and Treatment*, vol. 164, no. 1, pp. 209–219.

Kresovich, J., Xu, Z., O'Brien, K., Weinberg, C., Sandler, D., Taylor, J. 'Methylation-Based Biological Age and Breast Cancer Risk', *JNCI: Journal of the National Cancer Institute*, vol. 111, no. 10, 2019, pp. 1051–1058.

Horvath, S. et al. 'The cerebellum ages slowly according to the epigenetic clock', *Aging*, vol. 7, no. 5, 2017, pp. 294–306.

Dosi, R., Bhatt, N., Shah, P., Patell, R. 'Cardiovascular disease and menopause', *Journal of Clinical and Diagnostic Research*, vol. 8, no. 2, 2014, pp. 62–64.

Ossewaarde, M. et al. 'Age at menopause, cause-specific mortality and total life expectancy', *Epidemiology*, vol. 16, no. 4, 2005, pp. 556–562.

'The Nobel Prize in Physiology or Medicine 2016', NobelPrize.org, 2020.

Takahashi, K., Yamanaka, S. 'Induction of Pluripotent Stem Cells from Mouse Embryonic and Adult Fibroblast Cultures by Defined Factors', *Cell*, vol. 126, no. 4, 2006, pp. 663–676.

Ocampo, A. et al. 'In Vivo Amelioration of Age-Associated Hallmarks by Partial Reprogramming', *Cell*, vol. 167, no. 7, 2016, pp. 1719–1733.

Lu, Y., Brommer, B., Tian, X. et al. Reprogramming to recover youthful epigenetic information and restore vision. *Nature* vol. 588, 2020, pp.124–129. https://doi.org/10.1038/s41586-020-2975-4

Shen, J., Tsai, Y., Dimarco, N., Long, M., Sun, X., Tang, L. 'Transplantation of mesenchymal stem cells from young donors delays aging in mice', *Scientific Reports*, vol. 1, no. 67, 2011.

Charles-de-Sá, L. et al. 'Photoaged Skin Therapy with Adipose-Derived Stem Cells', *Plastic & Reconstructive Surgery*, vol, 145, no. 6, pp. 1037e–1049e.

Kolata, G. 'A Cure for Type 1 Diabetes? For One Man, It Seems to Have Worked', *New York Times*, 2021.

第十三章：神奇的"血疗"

Huestis, D. 'Alexander Bogdanov: The Forgotten Pioneer of Blood Transfusion', *Transfusion Medicine Reviews*, vol. 21, no. 4, 2007, pp. 337–340.

Conboy, M., Conboy, I., Rando, T. 'Heterochronic parabiosis: Historical perspective and methodological considerations for studies of aging and longevity', *Aging Cell*, vol. 12, no. 3, 2013, pp. 525–530.

McCay, C., Pope, F., Lunsford, W., Sperling, G., Sambhavaphol, P. 'Parabiosis between Old and Young Rats', *Gerontology*, vol. 1, no. 1, 1957, pp. 7–17.

Conboy, I., Conboy, M., Wagers, A., Girma, E., Weismann, I., Rando, T. 'Rejuvenation of aged progenitor cells by exposure to a young systemic environment', *Nature*, vol. 433, no. 7027, 2005, pp. 760–764.

Villeda, S. et al. 'The ageing systemic milieu negatively regulates neurogenesis and cognitive function', *Nature*, vol. 477, no. 7362, 2011, pp. 90–96.

Mehdipour, M. et al. 'Rejuvenation of three germ layers tissues by exchanging old blood plasma with saline-albumin', *Aging*, vol. 12, no. 10, 2020, pp. 8790–8819.

Ullum, H. et al. 'Blood donation and blood donor mortality after adjustment for a healthy donor effect', *Transfusion*, vol. 55, no. 10, 2015, pp. 2479–2485.

Timmers, P. et al. 'Multivariate genomic scan implicates novel loci and haem metabolism in human ageing', *Nature Communications*, vol. 11, no. 3570, 2020.

Daghlas, I., Gill, D. 'Genetically predicted iron status and life expectancy', *Clinical Nutrition*, vol. 40, no. 4, 2020, pp. 2456–2459.

Kadoglou, N., Biddulph, J., Rafnsson, S., Trivella, M., Nihoyannopoulos, P., Demakakos, P. 'The association of ferritin with cardiovascular and all-cause mortality in community-dwellers: The English longitudinal study of ageing', *PLOS ONE*, vol. 12, no. 6, 2017.

Forte, G. et al. 'Metals in plasma of nonagenarians and centenarians living in a key area of longevity', *Experimental Gerontology*, vol. 60, 2014, pp. 197–206.

Ford, E., Cogswell, M. 'Diabetes and serum ferritin concentration among U.S. adults', *Diabetes Care*, vol. 22, no. 12, 1999, pp. 1978–1983.

Tuomainen, T. et al. 'Body iron stores are associated with serum insulin and blood glucose concentrations: Population study in 1,013 eastern Finnish men', *Diabetes Care*, vol. 20, no. 3, 1997, pp. 426–428.

Bonfils, L. et al. 'Fasting serum levels of ferritin are associated with impaired pancreatic beta cell function and decreased insulin sensitivity: a population-based study', *Diabetologia*, vol. 58, no. 3, 2015, pp. 523–533.

Zacharski, L. et al. 'Decreased cancer risk after iron reduction in patients with peripheral arterial disease: Results from a randomized trial', *Journal of the National Cancer Institute*, vol. 100, no. 14, 2008, pp. 996–1002.

Mursu, J., Robien, K., Harnack, L., Park, K., Jacobs, D. 'Dietary supplements and mortality rate in older women: The Iowa Women's Health Study', *Archives of Internal Medicine*, vol. 171, no. 18, 2011, pp. 1625–1633.

Kell, D., Pretorius, E. 'No effects without causes: the Iron Dysregulation and Dormant Microbes hypothesis for chronic, inflammatory diseases' *Biological Reviews*, vol. 93, no. 3, 2018, pp. 1518–1557.

Parmanand, B., Kellingray, L. et al. 'A decrease in iron availability to human gut microbiome reduces the growth of potentially pathogenic gut bacteria; an in vitro colonic fermentation study', *Journal of Nutritional Biochemistry*, vol. 67, 2019, pp. 20–22.

Ayton, S. et al. 'Brain iron is associated with accelerated cognitive decline in people with Alzheimer pathology', *Molecular Psychiatry*, vol. 25, 2020, pp. 2932–2941.

Cross, J. et al. 'Oral iron acutely elevates bacterial growth in human serum', *Scientific Reports*, vol. 5, no. 16670, 2015.

Semenova, E.A. et al. 'The association of HFE gene H63D polymorphism with endurance athlete status and aerobic capacity: novel findings and a meta–analysis', *Eur J Appl Physiol.*, vol. 120, no. 3, 2020, pp. 665–673. doi: 10.1007/s00421-020-04306-8.

Thakkar, D., Sicova, M., Guest, N.S., Garcia-Bailo, B., El-Sohemy, A. 'HFE Genotype and Endurance Performance in Competitive Male Athletes', *Med Sci Sports Exerc.*, vol. 53, no. 7, 2021, pp.1385–1390. doi: 10.1249/MSS.0000000000002595.

第十四章：微生物的斗争

Zoltán, I. 'Ignaz Semmelweis', *Encyclopaedia Britannica*, 2020, www.britannica.com/biography/Ignaz-Semmelweis.

Levy, C. 'De nyeste Forsög i Födselsstiftelsen i Wien til Oplysning om Barselsfeberens Ætiologie', Hospitals-Meddelelser, *Tidskrift for praktisk Lægevidenskab*, vol. 1, 1848.

Kidd, M., Modlin, I. 'A Century of *Helicobacter pylori*', *Digestion*, vol. 59, 1998, pp. 1–15.

Phillips, M. 'John Lykoudis and peptic ulcer disease', *Lancet*, vol. 255, no. 9198, 2000.

'The Nobel Prize in Physiology or Medicine 2005', NobelPrize.org, 2020.

Sender, R., Fuchs, S., Milo, R. 'Are we really outnumbered? Revisiting the ratio of bacterial to host cells in humans', *Cell*, vol. 164, no. 3, 2016, pp. 337–340.

Scheiman, J. et al. 'Meta-omics analysis of elite athletes identifies a performance-enhancing microbe that functions via lactate metabolism', *Nature Medicine*, vol. 25, 2019, pp. 1104–1109.

Damgaard, C. et al. 'Viable bacteria associated with red blood cells and plasma in freshly drawn blood donations', *PLOS ONE*, vol. 10, no. 3, 2015.

Servick, K. 'Do gut bacteria make a second home in our brains?', www.science.org, 9 November 2018.

Beros, S., Lenhart, A., Scharf, I., Negroni, M.A., Menzel, F., Foitzik, S. 'Extreme lifespan extension in tapeworm-infected ant workers', *Royal Society Open Science*, vol. 8, no. 5, 2021. https://doi.org/10.1098/rsos.202118.

第十五章：遁形眼前

Mina, M., Metcalf, C., De Swart, R., Osterhaus, A., Grenfell, B. 'Infectious Disease Mortality', *Science*, vol. 348, no. 6235, 2015, pp 694–699.

Powell, M. et al. 'Opportunistic infections in HIV-infected patients differ strongly in frequencies and spectra between patients with low CD4+ cell counts examined postmortem and compensated patients examined antemortem irrespective of the HAART Era', *PLOS ONE*, vol. 11, no. 9, 2016.

Horvath, S., Levine, A. 'HIV-1 Infection Accelerates Age According to the Epigenetic Clock', *Journal of Infectious Diseases*, vol. 212, no. 10, 2015, pp. 1563–1571.

Fülöp, T., Larbi, A., Pawelec, G. 'Human T-cell aging and the impact of persistent viral infections', *Frontiers in Immunology*, vol. 4, 2013, p. 271.

Sylwester, A. et al. 'Broadly targeted human cytomegalovirus-specific CD4+ and CD8+ T-cells dominate the memory compartments of exposed subjects', *Journal of Experimental Medicine*, vol. 202, no. 5, 2005, pp. 673–685.

Cheng, J., Ke, Q. et al. 'Cytomegalovirus infection causes an increase of arterial blood pressure', *PLOS Pathogens*, vol. 5, no. 5, 2009, p. 1000427.

Goldmacher, V. 'Cell death suppression by cytomegaloviruses', *Apoptosis*, vol. 10, no. 2, March 2005, pp. 251–265.

Aguilera, M., Delgui, L., Romano, P., Colombo, M. 'Chronic Infections: A Possible Scenario for Autophagy and Senescence Cross-Talk', *Cells*, vol. 7, no. 10, 2018, p. 162.

Revello, M., Gerna, G. 'Diagnosis and management of human cytomegalovirus infection in the mother, fetus, and newborn infant', *Clinical Microbiology Reviews*, vol. 15, no. 4, 2002, pp. 680–715.

Bjornevik, K., Cortese, M. et al. 'Longitudinal analysis reveals high prevalence of Epstein-Barr virus associated with multiple sclerosis', *Science,* vol. 375, no. 6578, 2022, pp. 296–301.

Harvey, E.M., McNeer, E., McDonald, M.F. et al. 'Association of Preterm Birth Rate With COVID-19 Statewide Stay-at-Home Orders in Tennessee', *JAMA Pediatr.*, vol. 175, no. 6, 2021, pp. 635–637. doi:10.1001/jamapediatrics.2020.6512.

Crist, C. 'COVID-19 May Raise Risk of Diabetes in Children', *WebMD*, 2022.

第十六章：善用牙线可延寿

Soscia, S. et al. 'The Alzheimer's Disease-Associated Amyloid β-Protein Is an Antimicrobial Peptide', *PLOS ONE*, vol. 5, no. 3, 2010, e9505.

Kumar, D. et al. 'Amyloid-β peptide protects against microbial infection in mouse and worm models of Alzheimer's disease', *Science Translational Medicine*, vol. 8, no. 340, 2016.

Lambert, J. et al. 'Meta-analysis of 74,046 individuals identifies 11 new susceptibility loci for Alzheimer's disease', *Nature Genetics*, vol. 45, no. 12, 2013, pp. 1452–1458.

Itzhaki, R. 'Corroboration of a Major Role for Herpes Simplex Virus Type 1 in Alzheimer's Disease', *Frontiers in Aging Neuroscience*, vol. 10, no. 324, 2018.

Tzeng, N. et al. 'Anti-herpetic Medications and Reduced Risk of Dementia in Patients with Herpes Simplex Virus Infections—a Nationwide, Population-Based Cohort Study in Taiwan', *Neurotherapeutics*, vol. 15, no. 2, 2018, pp. 417–429.

Wozniak, M., Itzhaki, R., Shipley, S., Dobson, C. 'Herpes simplex virus infection causes cellular β-amyloid accumulation and secretase upregulation', *Neuroscience Letters*, vol. 429, no. 2–3, 2007, pp. 95–100.

Wozniak, M., Frost, A., Preston, C., Itzhaki, R. 'Antivirals reduce the formation of key Alzheimer's disease molecules in cell cultures acutely infected with herpes simplex virus type 1', *PLOS ONE*, vol. 6, no. 10, 2011.

Wozniak, M., Mee, A., Itzhaki, R. 'Herpes simplex virus type 1 DNA is located within Alzheimer's disease amyloid plaques', *Journal of Pathology*, vol. 217, no. 1, 2009, pp. 131–138.

Dominy, S. et al. 'Porphyromonas gingivalis in Alzheimer's disease brains: Evidence for disease causation and treatment with small-molecule inhibitors', *Science Advances*, vol. 5, no. 1, 2019.

Demmer, R. et al. 'Periodontal disease and incident dementia: The Atherosclerosis Risk in Communities Study (ARIC)', *Neurology*, vol. 95, no. 12, 2020, pp. e1660– e1671.

Bui, F. et al. 'Association between periodontal pathogens and systemic disease', *Biomedical Journal,* vol. 42, no. 1, 2019, pp. 27–35.

Balin, B. et al. 'Chlamydophila pneumoniae and the etiology of late-onset Alzheimer's disease', *Journal of Alzheimer's Disease*, vol. 13, no. 4, 2008, pp. 371–380.

Balin, B. et al. 'Identification and localization of Chlamydia pneumoniae in the Alzheimer's brain', *Medical Microbiology and Immunology*, vol. 187, no. 1, 1998, pp. 23–42.

Pisa, D., Alonso, R., Rábano, A., Rodal, I., Carrasco, L. 'Different Brain Regions are Infected with Fungi in Alzheimer's Disease', *Scientific Reports*, vol. 5, no. 1, 2015, pp. 1–13.

Wu, Y. 'Microglia and amyloid precursor protein coordinate control of transient *Candida cerebritis* with memory deficits', *Nature Communications*, vol. 10, no. 58, 2019.

Edrey, Y., Medina, D. et al. 'Amyloid beta and the longest-lived rodent: The naked mole-rat as a model for natural protection from Alzheimer's disease', *Neurobiology of Aging*, vol. 34, no. 10, 2013, pp. 2352–2360.

Steinmann, G., Klaus, B., Müller-Hermelink, H. 'The Involution of the Ageing Human Thymic Epithelium is Independent of Puberty: A Morphometric Study', *Scandinavian Journal of Immunology*, vol. 22, no. 5, 1985, pp. 563–575.

Kulikov, A., Arkhipova, L., Kulikov, D., Smirnova, G., Kulikova, P. 'The increase of the average and maximum span of life by the allogenic thymic cells transplantation in the animals' anterior chamber of eye', *Advances in Gerontology*, vol. 4, no. 3, 2014, pp. 197–200.

Oh, J., Wang, W., Thomas, R., Su, D. 'Thymic rejuvenation via induced thymic epithelial cells (iTECs) from FOXN1 -overexpressing fibroblasts to counteract inflammaging', *BioRxiv*, 2020.

Weiss, R., Vogt, P. '100 years of Rous sarcoma virus', *Journal of Experimental Medicine*, vol. 208, no. 12, 2011, pp. 2351–2355.

'The Nobel Prize in Physiology or Medicine 1966', NobelPrize.org, 2020.

White, M., Pagano, J., Khalili, K. 'Viruses and human cancers: A long road of discovery of molecular paradigms', *Clinical Microbiology Reviews*, vol. 27, no. 3, 2014, pp. 463–471.

Gillison, M. 'Human Papillomavirus-Related Diseases: Oropharynx Cancers and Potential Implications for Adolescent HPV Vaccination', *Journal of Adolescent Health*, vol. 43, no. 4 , 2008, pp. S52–S60.

Bzhalava, D., Guan, P., Franceschi, S., Dillner, J., Clifford, G. 'A systematic review of the prevalence of mucosal and cutaneous Human Papillomavirus types', *Virology*, vol. 445, no. 1–2, 2013, pp. 224–231.

Nejman, D. et al. 'The human tumor microbiome is composed of tumor type-specific intracellular bacteria', *Science*, vol. 368, no. 6494, 2020, pp. 973–980.

Bullman, S. et al. 'Analysis of Fusobacterium persistence and antibiotic response in colorectal cancer', *Science*, vol. 358, no. 6369, 2017, pp. 1443–1448.

Aykut, B. 'The fungal mycobiome promotes pancreatic oncogenesis via activation of MBL', *Nature*, vol. 574, no. 7777, 2019, pp. 264–267.

Michalek, A., Mettlin, C., Priore, R. 'Prostate cancer mortality among Catholic priests', *Journal of Surgical Oncology*, vol. 17, no. 2, 1981, pp. 129–133.

Shah, P. 'Link between infection and atherosclerosis: Who are the culprits: Viruses, bacteria, both, or neither?', *Circulation*, vol. 103, 2001, pp. 5–6.

Haraszthy, V., Zambon, J., Trevisan, M., Zeid, M., Genco, R. 'Identification of Periodontal Pathogens in Atheromatous Plaques', *Journal of Periodontology*, vol. 71, no. 10, 2000, pp. 1554–1560.

Warren-Gash, C., Blackburn, R., Whitaker, H., McMenamin, J., Hayward, A. 'Laboratory-confirmed respiratory infections as triggers for acute myocardial infarction and stroke: A self-controlled case series analysis of national linked datasets from Scotland', *European Respiratory Journal*, vol. 51, no. 3, 2018.

Anand, S., Tikoo, S. 'Viruses as modulators of mitochondrial functions', *Advances in Virology* vol. 2013, 2013, 738794.

Wang, C., Youle, R. 'The role of mitochondria in apoptosis', *Annual Review of Genetics*, vol. 43, 2009, pp. 95–118.

Choi, Y., Bowman, J., Jung, J. 'Autophagy during viral infection – A double-edged sword', *Nature Reviews Microbiology*, vol. 16, 2018, pp. 341–354.

Sudhakar, P. et al. 'Targeted interplay between bacterial pathogens and host autophagy', *Autophagy*, vol. 15, no. 9, 2019, pp. 1620–1633.

Li, M., MacDonald, M. 'Polyamines: Small Molecules with a Big Role in Promoting Virus Infection', *Cell Host & Microbe*, vol. 20, no. 2, 2016, pp. 123–124.

Altindis, E. et al. 'Viral insulin-like peptides activate human insulin and IGF-1 receptor signaling: A paradigm shift for host–microbe interactions', *Proceedings of the National Academy of Sciences of the United States of America*, vol. 115, no. 10, 2018, pp. 2461–2466.

Liu, Y. et al. 'The extracellular domain of Staphylococcus aureus LtaS binds insulin and induces insulin resistance during infection', *Nature Microbiology*, vol. 3, 2018, pp. 622–31.

Chang, F.Y., Siuti, P., Laurent, S. et al. 'Gut-inhabiting Clostridia build human GPCR ligands by conjugating neurotransmitters with diet- and human-derived fatty acids', *Nat Microbiol.*, 2021, vol. 6, pp. 792–805. https://doi.org/10.1038/s41564-021-00887-y.

第十七章：免疫复兴

Smith, P., Willemsen, D. et al. 'Regulation of life span by the gut microbiota in the short-lived African turquoise killifish;' *eLife* vol. 6, 2017.

Kundu, P. et al. 'Neurogenesis and prolongevity signaling in young germ-free mice transplanted with the gut microbiota of old mice', *Science Translational Medicine*, vol. 11, no. 518, 2019, p. 4760.

Aleman, F., Valenzano, D. 'Microbiome evolution during host aging', *PLOS Pathogens*, vol. 15, no. 7, 2019.

Yousefzadeh, M.J., Flores, R.R., Zhu, Y. et al. 'An aged immune system drives senescence and ageing of solid organs', *Nature*, vol. 594, 2021, pp. 100–105. https://doi.org/10.1038/s41586-021-03547-7

Campinoti, S., Gjinovci, A., Ragazzini, R. et al. 'Reconstitution of a functional human thymus by postnatal stromal progenitor cells and natural whole-organ scaffolds', *Nat Commun.*, vol. 11: 6372, 2020. https://doi.org/10.1038/s41467-020-20082-7.

Franceschi, C. et al. 'Inflammaging and anti-inflammaging: A systemic perspective on aging and longevity emerged from studies in humans,' *Mechanisms of Ageing and Development*, vol. 128, no. 1, 2007, pp. 92–105.

第十八章：挨饿的乐趣

McCay, C., Crowell, M., Maynard, L. 'The effect of retarded growth upon the length of life span and upon the ultimate body size', *The Journal of Nutrition,* vol. 10, no. 1, July 1935, pp. 63–79.

Schäfer, D. 'Aging, Longevity, and Diet: Historical Remarks on Calorie Intake Reduction', *Gerontology*, vol. 51, no. 2, 2005, pp. 126–130.

McDonald, R. Ramsey, J. 'Honoring Clive McCay and 75 years of calorie restriction research', *Journal of Nutrition*, vol. 140, no. 7, 2010, pp. 1205–1210.

Weindruch, R., Walford, R. 'Dietary restriction in mice beginning at 1 year of age: Effect on life span and spontaneous cancer incidence', *Science*, vol. 215, no. 4538, 1982, pp. 1415–1418.

Weindruch, R., Walford, R., Fligiel, S., Guthrie, D. 'The retardation of aging in mice by dietary restriction: Longevity, cancer, immunity and lifetime energy intake', *Journal of Nutrition*, vol. 116, no. 4, 1986, pp. 641–654.

Walford, R., Mock, D., Verdery, R., MacCallum, T.J. 'Calorie restriction in Biosphere 2: Alterations in physiologic, hematologic, hormonal, and biochemical parameters in humans restricted for a 2-year period', *The Journals of Gerontology, Series A: Biological Sciences and Medical Sciences*, vol. 57, no. 6, 2002, pp. B211–B224.

Mattison, J. et al. 'Caloric restriction improves health and survival of rhesus monkeys', *Nature Communications*, vol. 8, no. 14063, 2017.

Colman, R., Anderson, R. et al. 'Caloric restriction delays disease onset and mortality in rhesus monkeys', *Science*, vol. 325, no. 5937, 2009, pp. 201–204.

Mattison, J. et al. 'Impact of caloric restriction on health and survival in rhesus monkeys from the NIA study', *Nature*, vol. 489, no. 7415, 2012, pp. 318–321.

Kraus, W. et al. '2 years of calorie restriction and cardiometabolic risk (CALERIE): exploratory outcomes of a multicentre, phase 2, randomised controlled trial', *The Lancet Diabetes and Endocrinology*, vol. 7, no. 9, 2019, pp. 673–683.

Jia, K., Levine, B. 'Autophagy is required for dietary restriction-mediated life span extension in *C. elegans*', *Autophagy*, vol. 3, no.6, 2007, pp. 597–599.

Saxton, R., Sabatini, D. 'mTOR Signaling in Growth, Metabolism, and Disease', *Cell*, vol. 168, no. 6, 2017, pp. 960–976.

第十九章：老树新花

Di Francesco, A., Di Germanio, C., Bernier, M., De Cabo, R. 'A time to fast', *Science*, vol. 362, no. 6416, 2018, pp. 770–775.

Michael Anson, R. et al. 'Intermittent fasting dissociates beneficial effects of dietary restriction on glucose metabolism and neuronal resistance to injury from calorie intake', *Proceedings of the National Academy of Sciences of the United States of America*, vol. 100, no. 10, 2003, pp. 6216–6220.

Mitchell, S. et al. 'Daily Fasting Improves Health and Survival in Male Mice Independent of Diet Composition and Calories', *Cell Metabolism*, vol. 29, no. 1, 2019, pp. 221–228.

Woodie, L., Luo, Y., et al. 'Restricted feeding for 9 h in the active period partially abrogates the detrimental metabolic effects of a Western diet with liquid sugar consumption in mice', *Metabolism: Clinical and Experimental*, vol. 82, 2018, pp. 1–13.

Carlson, A., Hoelzel, F. 'Apparent prolongation of the life span of rats by intermittent fasting', *The Journal of Nutrition*, vol. 31, no. 3, 1946, pp. 363–375.

Wei, M. et al. 'Fasting-mimicking diet and markers/risk factors for aging, diabetes, cancer, and cardiovascular disease', *Science Translational Medicine*, vol. 9, no. 377, 2017.

Stewart, W., Fleming, L. 'Features of a successful therapeutic fast of 382 days' duration', *Postgraduate Medical Journal*, vol. 49, no. 569, 1973, pp. 203–209.

Heilbronn, L., Smith, S., Martin, C., Anton, S., Ravussin, E. 'Alternate-day fasting in non-obese subjects: effects on body weight, body composition, and energy metabolism', *The American Journal of Clinical Nutrition*, vol. 81, no. 1, 2005, pp. 69–73.

Tinsley, G., Forsse, J. et al. 'Time-restricted feeding in young men performing resistance training: A randomized controlled trial', *European Journal of Sport Science*, vol. 17, no. 2, 2017, pp. 200–207.

Fillmore, K., Stockwell, T., Chikritzhs, T., Bostrom, A., Kerr, W. 'Moderate Alcohol Use and Reduced Mortality Risk: Systematic Error in Prospective Studies and New Hypotheses', *Annals of Epidemiology*, vol. 17, no. 5, 2007, pp. S16–S23.

Burton, R., Sheron, N. 'No level of alcohol consumption improves health', *Lancet*, vol. 392, no. 10152, 2018, pp. 987–988.

Kim, Y., Je, Y., Giovannucci, E. 'Coffee consumption and all-cause and cause-specific mortality: a meta-analysis by potential modifiers', *European Journal of Epidemiology*, vol. 34, 2019, pp. 731–752.

Freedman, N., Park, Y., Abnet, C., Hollenbeck, A., Sinha, R. 'Association of Coffee Drinking with Total and Cause-Specific Mortality', *New England Journal of Medicine*, vol. 366, 2012, pp. 1891–1904.

第二十章："货物崇拜"式营养学

Bianconi, E. et al. 'An estimation of the number of cells in the human body', *Annals of Human Biology*, vol. 40, no. 6, 2013, pp. 463–471.

OECD. 'Life expectancy by sex and education level', *Health at a Glance 2017: OECD Indicators*, OECD Publishing, 2017. https://doi.org/10.1787/health_glance-2017-7-en.

Brønnum-Hansen, H., Baadsgaard, M. 'Widening social inequality in life expectancy in Denmark. A register-based study on social composition and mortality trends for the Danish population', *BMC Public Health*, vol. 12, no. 994, 2012.

Hummer, R.A., Hernandez, E.M. 'The Effect of Educational Attainment on Adult Mortality in the United States', *Popul Bull*, vol. 68, no. 1, 2013, pp. 1–16.

Fraser, G. 'Vegetarian diets: What do we know of their effects on common chronic diseases?' *American Journal of Clinical Nutrition*, vol. 89, no. 5, 2009, pp. 1607S–1612S.

Mihrshahi, S., Ding, D. et al. 'Vegetarian diet and all-cause mortality: Evidence from a large population-based Australian cohort – the 45 and Up Study', *Preventive Medicine*, vol. 97, 2017, pp. 1–7.

Zhao, L.G., Sun, J.W., Yang, Y. et al. 'Fish consumption and all-cause mortality: a meta-analysis of cohort studies', *Eur J Clin Nutr.*, vol. 70, 2016, pp. 155–161.

Zhang, Y., Zhuang, P., He, W. et al. 'Association of fish and long-chain omega-3 fatty acids intakes with total and cause-specific mortality: prospective analysis of 421 309 individuals', *JIM*, vol. 284, no. 4, 2018, pp. 399–417.

McBurney, M.I., Tintle, N., Ramachandran, S.V., Sala-Vila, A., Harris, W.S. 'Using an erythrocyte fatty acid fingerprint to predict risk of all-cause mortality: the Framingham Offspring Cohort', *The American Journal of Clinical Nutrition*, vol. 114, no. 4, 2021, pp.1447–1454.

Harris, W.S., Tintle, N.L. et al. 'Blood n-3 fatty acid levels and total and cause-specific mortality from 17 prospective studies', *Nature Communications*, vol. 12: 2329, 2021.

Bernasconi, A.A., Wiest, M.M., Lavie, C.J., Milani, R.V., Laukkanen, J.A. 'Effect of Omega-3 Dosage on Cardiovascular Outcomes: An Updated meta-Analysis and Meta-Regression of Interventional Trials', *Mayo Clinic Proceedings*, vol. 96, no. 2, 2021, pp. 304–313.

Cawthorn, D-M., Baillie, C., Mariani, S. 'Generic names and mislabelling conceal high species diversity in global fisheries markets', *Conservation Letters*, vol. 11, no. 5, 2018, p. e12573.

Willette, D.A., Simmonds, S.E., Cheng, S.H. et al. 'Using DNA barcoding to track seafood mislabelling in Los Angeles restaurants', *Conservation Biology*, vol. 31, no. 5, 2017, pp. 1076–1085.

Ho, J.K.I., Puniamoorthy, J., Srivathsan, A., Meier, R. 'MinION sequencing of seafood in Singapore reveals creatively labelled flatfishes, confused roe, pig DNA in squid balls, and phantom crustaceans', *Food Control*, vol. 112, 2020, p. 107144.

Autier, P., Boniol, M., Pizot, C., Mullie, P. 'Vitamin D status and ill health: a systematic review', *The Lancet: Diabetes & Endocrinology*, vol. 2, no. 1, 2014, pp. 76–90.

Lin, S., Jiang, L., Zhang, Y., Chai, J., Li, J., Song, X., Pei, L. 'Soci-
oeconomic status and vitamin D deficiency among women of
childbearing age: a population-based, case-control study in rural
northern China', *BMJ Open*, vol. 11, 2021, p. e042227.

Zhang, Y., Fang, F., Tang, J., Jia, L., Feng, Y., Xu, P. et al. 'Association
between vitamin D supplementation and mortality: systematic
review and meta-analysis', *BMJ*, vol. 366, 2019,
p. 14673. doi:10.1136/bmj.l4673.

第二十一章：三思而"食"

Perry, G. et al. 'Diet and the evolution of human amylase gene
copy number variation', *Nature Genetics*, vol. 39, no. 10, 2007, pp.
1256–1260.

Arendt, M., Cairns, K., Ballard, J., Savolainen, P., Axelsson, E. 'Diet
adaptation in dog reflects spread of prehistoric agriculture', *He-
redity*, vol. 117, no. 5, 2016, pp. 301–306

Ségurel, L., Bon, C. 'On the Evolution of Lactase Persistence in
Humans', *Annual Review of Genomics and Human Genetics*, vol. 18,
2017, pp. 297–319.

Gross, M. 'How our diet changed our evolution', *Current Biology*,
vol. 27, no. 15, 2017, pp. 731–733.

第二十二章：从中世纪修士偏方到现代科学疗法

Kenyon, C., Chang, J., Gensch, E., Rudner, A., Tabtiang, R. 'A C.
elegans mutant that lives twice as long as wild type', *Nature*, vol.
366, no. 6454, 1993, pp. 461–464.

Wijsman, C. et al. 'Familial longevity is marked by enhanced insulin
sensitivity', *Aging Cell*, vol. 10, no. 1, 2011, pp. 114–121.

Yashin, A., Arbeev, K. et al. 'Exceptional survivors have lower age
trajectories of blood glucose: Lessons from longitudinal data',
Biogerontology, vol. 11, no. 3, 2010, pp. 257–265.

Kurosu, H. et al. 'Physiology: Suppression of aging in mice by the
hormone Klotho', *Science*, vol. 309, no. 5742, 2005, pp. 1829–
1833.

Lindeberg, S., Eliasson, M., Lindahl, B., Ahrén, B. 'Low serum insulin in traditional Pacific islanders – The Kitava study', *Metabolism: Clinical and Experimental*, vol. 48, no. 10, 1999, pp. 1216–1219.

Li, H., Gao, Z. et al. 'Sodium butyrate stimulates expression of fibroblast growth factor 21 in liver by inhibition of histone deacetylase 3', *Diabetes*, vol. 61, no. 4, 2012, pp. 797–806.

Zhang, Y. et al. 'The starvation hormone, fibroblast growth factor-21, extends lifespan in mice', *eLife,* vol. 2012, no. 1, 2012.

Reynolds, A., Mann, J., Cummings, J., Winter, N., Mete, E., Te Morenga, L. 'Carbohydrate quality and human health: a series of systematic reviews and meta-analyses' *The Lancet*, vol. 393, no. 10170, 2019, pp. 434–445.

Buffenstein, R., Yahav, S. 'The effect of diet on microfaunal population and function in the caecum of a subterranean naked mole-rat, *Heterocephalus glaber*', *British Journal of Nutrition*, vol. 65, no. 2, 1991, pp. 249–258.

Al-Regaiey, K., Masternak, M., Bonkowski, M., Sun, L., Bartke, A. 'Long-Lived Growth Hormone Receptor Knockout Mice: Interaction of Reduced Insulin-Like Growth Factor I/Insulin Signaling and Caloric Restriction', *Endocrinology*, vol. 146, no. 2, 2005, pp. 851–860.

Zeevi, D., Korem, T., Zmora, N. et al. 'Personalized Nutrition by Prediction of Glycemic Responses', *Cell*, vol. 163, no. 5, 2015, pp. 2069–1094.

Frampton, J., Cobbold, B., Nozdrin, M. et al. 'The Effect of a Single Bout of Continuous Aerobic Exercise on Glucose, Insulin and Glucagon Concentrations Compared to resting Conditions in Healthy Adults: A Systematic Review, Meta-Analysis and Meta-Regression', *Sports Medicine*, vol. 51, 2021, pp. 1949–1966.

Solomon, T.P.J., Tarry, E., Hudson, C.O., Fitt, A.I., Laye, M.J. 'Immediate post-breakfast physical activity improves interstitial postprandial glycemia: a comparison of different activity-meal timings', *Pflugers Archiv – European Journal of Physiology*, vol. 572, 2020, pp. 271–280.

Bannister, C. et al. 'Can people with type 2 diabetes live longer than those without? A comparison of mortality in people initiated with metformin or sulphonylurea monotherapy and matched, non-diabetic controls', *Diabetes, Obesity and Metabolism*, vol. 16, no. 11, 2014, pp. 1165–1173.

Konopka, A. et al. 'Metformin inhibits mitochondrial adaptations to aerobic exercise training in older adults', *Aging Cell*, vol. 18, no. 1, 2019, p. 12880.

Walton, R. et al. 'Metformin blunts muscle hypertrophy in response to progressive resistance exercise training in older adults: A randomized, double-blind, placebo-controlled, multicenter trial: The MASTERS trial', *Aging Cell*, vol. 18, no. 6, 2019.

第二十三章：能测量，就能改善

Stary, H.C., Chandler, A.B., Glagov, S. et al. 'A definition of initial, fatty streak, and intermediate lesions of atherosclerosis. A report from the Committee on Vascular Lesions of the Council on Arteriosclerosis, American Heart Association', *Circulation*, vol. 89, no. 5, 1994, pp. 2462–2478.

Enos, W.F., Holmes, R.H., Beyer, J. 'Coronary disease among united states soldiers killed in action in korea', *JAMA*, vol. 152, no. 12, 1953, pp.1090–1093. doi:10.1001/jama.1953.03690120006002.

Velican, D., Velican, C. 'Study of fibrous plaques occurring in the coronary arteries of children', *atherosclerosis*, vol. 33, no. 2, 1979, pp. 201–215.

Cohen, J., Pertsemlidis, A., Kotowski, I.K., Graham, R., Garcia, C.K., Hobbs, H.H. 'Low LDL cholesterol in individuals of African descent resulting from frequent nonsense mutations in PCSK9', *Nature Genetics*, vol. 37, 2005, pp. 161–165.

Kathiresan, S. 'A PCSK9 Missense Variant Associated with a Reduced Risk of Early-Onset Myocardial Infarction', *N Engl J Med.*, vol. 358, 2008, pp. 2299–2300. doi: 10.1056/NEJMc0707445.

Kent, S.T., Rosenson, R.S., Avery, C.L. et al. 'PCSK9 Loss-of-Function Variants, Low-Density Lipoprotein Cholesterol, and Risk of

Coronary Heart Disease and Stroke', *Circulation*, vol. 10, no. 4, 2017

Ference, B.A. et al. 'Low-density lipoproteins cause atherosclerotic cardiovascular disease. 1. Evidence from genetic, epidemiologic, and clinical studies. A consensus statement from the European Atherosclerosis Society Consensus Panel', *European Heart Journal*, vol. 38, no. 32, 2017, pp. 2459–2472.

Kern, F. Jr. 'Normal Plasma Cholesterol in an 88-Year-Old Man Who Eats 25 Eggs a Day – Mechanisms of Adaptation', *N Engl J Med.*, vol. 324, 1991, pp. 896–899. doi: 10.1056/ NEJM199103283241306

Hirshowitz, B., Brook, J.G., Kaufman, T., Titelman, U., Mahler, D. '35 eggs per day in the treatment of severe burns,' *Br J Plast Surg.*, vol. 28, no. 3, 1975, pp. 185–188.

Kaufman, T., Hirshowitz, B., Moscona, R., Brook, G.J. 'Early enteral nutrition for mass burn injury: The revised egg-rich diet,' *Burns*, vol. 12, no. 4, 1986, pp. 260–263.

Drouin-Chartier, J., Chen, S., Li, Y., Schwab, A.L., Stamp-fer, M.J., Sacks, F.M. et al. 'Egg consumption and risk of cardio-vascular disease: three large prospective US cohort studies, systematic review, and updated meta-nalysis', *BMJ*, 368:m513, 2020. doi:10.1136/bmj.m513

Jones, P., Pappu, A., Hatcher, L., Li, Z., Illingworth, D., Connor, W. 'Dietary cholesterol feeding suppresses human cholesterol synthesis measured by deuterium incorporation and urinary meva-lonic acid levels', *Arteriosclerosis, Thrombosis, and Vascular Biology*, vol. 16, no. 10, 1996, pp. 1222– 1228.

Steiner, M. Khan, A.H., Holbert, D., Lin, R.I. 'A double-blind crossover study in moderately hypercholesterolemic men that compared the effect of aged garlic extract and placebo admin-istration on blood lipids', *Am J Clin Nutr.*, vol. 64, no. 6, 1996, pp. 866–870. doi: 10.1093/ajcn/65.6.866.

Sobenin, I.A., Andrianova, I.V., Demidova, O.N., Gorchakova, T., Orekhov, A.N. 'Lipid-lowering effects of time-released garlic powder tablets in double-blinded placebo-controlled randomized study', *J Atheroscler Thromb.*, vol. 15, no. 6, 2008, pp. 334–338. Doi: 10.5551/jat.e550.

McRae, M.P. 'Dietary Fiber is Beneficial for the Prevention of Cardiovascular Disease: An Umbrella Review of Meta-analyses', *Journal of Chiropractic Medicine*, vol. 16, no. 4, 2017, pp. 289–299.

Franco, O., Peeters, A., Bonneux, L., De Laet, C. 'Blood pressure in adulthood and life expectancy with cardiovascular disease in men and women: Life course analysis', *Hypertension*, vol. 46, no. 2, 2005, pp. 280–286.

Benigni, A. et al. 'Variations of the angiotensin II type 1 receptor gene are associated with extreme human longevity', *Age*, vol. 35, no. 3, 2013, pp. 993–1005.

Benigni, A. et al. 'Disruption of the Ang II type 1 receptor promotes longevity in mice', *Journal of Clinical Investigation*, vol. 119, no. 3, 2009, p. 52.

Basso, N., Cini, R., Pietrelli, A., Ferder, L., Terragno, N, Inserra, F. 'Protective effect of long-term angiotensin II inhibition', *American Journal of Physiology – Heart and Circulatory Physiology*, vol. 293, no. 3, 2007, pp. 1351–1358.

Kumar, S., Dietrich, N., Kornfeld, K. 'Angiotensin Converting Enzyme (ACE) Inhibitor Extends *Caenorhabditis elegans* Life Span', *PLOS Genetics*, vol. 12, no. 2, 2016.

Mueller, N., Noya-Alarcon, O., Contreras, M., Appel, L., Dominguez-Bello, M. 'Association of Age with Blood Pressure Across the Lifespan in Isolated Yanomami and Yekwana Villages', *JAMA Cardiology*, vol. 3, no. 12, 2018, pp. 1247–1249.

Lindeberg, S. *Food and Western Disease*, Wiley, 2009.

Gurven, M. et al. 'Does blood pressure inevitably rise with age? Longitudinal evidence among forager-horticulturalists', *Hypertension*, vol. 60, no. 1, 2012, pp. 25–33. doi: 10.1161/HYPERTENSIONAHA.111.189100.

Nystoriak, M., Bhatnagar, A. 'Cardiovascular Effects and Benefits of Exercise', *Frontiers in Cardiovascular Medicine*, vol. 5, no. 135, 2018.

Mandsager, K., Harb, S., Cremer, P., Phelan, D., Nissen, S., Jaber,

W. 'Association of Cardiorespiratory Fitness with Long-term Mortality Among Adults Undergoing Exercise Treadmill Testing', *JAMA Network Open*, vol. 1, no. 6, 2018.

Gill, J.M.R. 'Linking volume and intensity of physical activity to mortality', *Nat Med.*, vol. 26, 2020, pp. 1332–1334. https://doi.org/10.1038/s41591-020-1019-9.

Egan, B., Zierath, J.R. 'Exercise Metabolism and the Molecular Regulation of Skeletal Muscle Adaptation', *Cell Metabolism*, vol. 17, no. 2, 2013, pp. 162–184. doi: https://doi.org/10.1016/j.cmet.2012.12.012.

Ramos, J., Dalleck, L., Tjonna, A., Beetham, K., Coombes, J. 'The Impact of High-Intensity Interval Training Versus Moderate-Intensity Continuous Training on Vascular Function: a Systematic Review and Meta-Analysis', *Sports Medicine*, vol. 45, 2015, pp. 679–692.

Viana, R., Naves, J., Coswig, V., De Lira, C., Steele, J., Fisher, J., Gentil, P. 'Is interval training the magic bullet for fat loss? A systematic review and meta-analysis comparing moderate-intensity continuous training with high-intensity interval training (HIIT)', *British Journal of Sports Medicine*, vol. 53, no. 10, 2018.

Boudoulas, K., Borer, J., Boudoulas, H. 'Heart Rate, Life Expectancy and the Cardiovascular System: Therapeutic Considerations', *Cardiology*, vol. 132, no. 4, 2015, pp. 199–212.

Zhao, M., Veeranki, S., Magnussen, C., Xi, B. 'Recommended physical activity and all-cause and cause-specific mortality in US adults: Prospective cohort study', *British Medical Journal*, vol. 370, 2020.

Faulkner, J., Larkin, L., Claflin, D., Brooks, S. 'Age-related changes in the structure and function of skeletal muscles', *Clinical and Experimental Pharmacology and Physiology*, vol. 34, no. 11, 2007, pp. 1091–1096.

Srikanthan, P., Karlamangla, A. 'Muscle mass index as a predictor of longevity in older adults', *American Journal of Medicine*, vol. 127, no. 6, 2014, pp. 547–553.

Rantanen, T., Harris, T. et al. 'Muscle Strength and Body Mass

Index as Long-Term Predictors of Mortality in Initially Healthy Men', *Journals of Gerontology, Series A: Biological Sciences and Medical Sciences*, vol. 55, no. 3, 2000, pp. M168–M173.

Schuelke, M. et al. 'Myostatin Mutation Associated with Gross Muscle Hypertrophy in a Child', *New England Journal of Medicine*, vol. 350, 2004, pp. 2682–2688.

Walker, K., Kambadur, R., Sharma, M., Smith, H. 'Resistance Training Alters Plasma Myostatin but not IGF-1 in Healthy Men', *Medicine & Science in Sports & Exercise*, vol. 36, no. 5, 2004, pp. 787–793.

Nash, S., Liao, L., Harris, T., Freedman, N. 'Cigarette Smoking and Mortality in Adults Aged 70 Years and Older: Results From the NIH-AARP Cohort', *American Journal of Preventive Medicine*, vol. 52, no. 3, 2017, pp. 276–283.

第二十四章：境由心生

Moseley, J. et al. 'A controlled trial of arthroscopic surgery for osteoarthritis of the knee', *New England Journal of Medicine*, vol. 347, 2002, pp. 81–88.

Guevarra, D. et al. 'Placebos without deception reduce self-report and neural measures of emotional distress', *Nature Communications*, vol. 11, no. 3785, 2020.

Kaptchuk, T. et al. 'Placebos without deception: A randomized controlledtrial in irritable bowel syndrome', *PLOS ONE*, vol. 5, no. 12, 2010.

Park, C., Pagnini, F., Langer, E. 'Glucose metabolism responds to perceived sugar intake more than actual sugar intake', *Sci Rep.*, 10: 15633, 2020. https://doi.org/10.1038/s41598-020-72501-w.

Westerhof, G., Miche, M. et al. 'The influence of subjective aging on health and longevity: A meta-analysis of longitudinal data', *Psychology and Aging*, vol. 29, no. 4, 2014, pp. 793–802.

John, A., Patel, U., Rusted, J., Richards, M., Gaysina, D. 'Affective problems and decline in cognitive state in older adults: A systematic review and meta-analysis', *Psychological Medicine*, vol. 49, no. 3, 2019, pp. 353–365.

Turnwald, B. et al. 'Learning one's genetic risk changes physiology independent of actual genetic risk', *Nature Human Behaviour*, vol. 3, 2019, pp. 48–56.

Kramer, C., Mehmood, S., Suen, R. 'Dog ownership and survival: A systematic review and meta-analysis', *Circulation: Cardiovascular Quality and Outcomes*, vol. 12, no. 10, 2019.

Pressman, S., Cohen, S. 'Use of social words in autobiographies and longevity', *Psychosomatic Medicine*, vol. 69, no. 3, 2007, pp. 262–269.

Headey, B., Yong, J. 'Happiness and Longevity: Unhappy People Die Young, Otherwise Happiness Probably Makes No Difference', *Social Indicators Research*, vol. 142, no. 2, 2019, pp. 713–732.

Silk, J. et al. 'Strong and consistent social bonds enhance the longevity of female baboons', *Current Biology*, vol. 20, no. 15, 2010, pp. 1359–1361.